"十四五"职业教育国家规划教材

职业教育国家在线精品课程配套教材
广东省优质网络课程配套教材
高等职业教育系列教材

After Effects CC 2018
影视特效与合成案例教程

甘百强 邓 飞 张 弛 等编著

U0398119

机械工业出版社

本书全面介绍了 After Effects CC 2018 的基本功能及实际应用，通过 33 个案例，系统地介绍了 After Effects 的各项功能和特效合成制作技术。

全书分为 7 章，第 1 章介绍了影视特效与合成的基础知识、After Effects 的工作流程和工作界面等知识；第 2 章介绍了项目管理；第 3 章介绍了 After Effects 的动画制作功能，其中包括初级动画、高级动画和遮罩动画的创作技法；第 4 章介绍了色彩调节的相关知识及创作技法；第 5 章介绍了键控技术及创作技法；第 6 章介绍了特效合成插件的使用及创作技法；第 7 章介绍了视频输出和工程源文件打包的方法。

本书内容丰富、结构严谨、技术参考性强，可作为数字媒体艺术与动画专业的教学用书，同时也非常适合 After Effects 爱好者参考，对于影视后期、栏目包装制作的从业人员也有较高的参考价值。

本书配有丰富的教学资源，包括 PPT 教学课件、案例素材和源文件、微课视频等。其中，微课视频通过扫描书中二维码即可观看，其他配套资源可登录 www.cmpedu.com 免费注册、审核通过后下载或联系编辑索取（微信：13261377872，电话：010-88379739），也可以登录在线学习平台（http://moocl.chaoxing.com/course/200778760.html）获取。

图书在版编目（CIP）数据

After Effects CC 2018 影视特效与合成案例教程 / 甘百强等编著. —北京：机械工业出版社，2019.10（2025.1 重印）
高等职业教育系列教材
ISBN 978-7-111-63962-6

Ⅰ. ①A… Ⅱ. ①甘… Ⅲ. ①图像处理软件-高等职业教育-教材
Ⅳ. ①TP391.413

中国版本图书馆 CIP 数据核字（2019）第 224313 号

机械工业出版社（北京市百万庄大街 22 号 邮政编码 100037）
策划编辑：王海霞 责任编辑：王海霞
责任校对：张艳霞 责任印制：郜 敏
三河市宏达印刷有限公司印刷

2025 年 1 月·第 1 版·第 14 次印刷
184mm×260mm·14.75 印张·357 千字
标准书号：ISBN 978-7-111-63962-6
定价：49.00 元

电话服务 网络服务
客服电话：010-88361066 机 工 官 网：www.cmpbook.com
010-88379833 机 工 官 博：weibo.com/cmp1952
010-68326294 金 书 网：www.golden-book.com
封底无防伪标均为盗版 机工教育服务网：www.cmpedu.com

关于"十四五"职业教育
国家规划教材的出版说明

为贯彻落实《中共中央关于认真学习宣传贯彻党的二十大精神的决定》《习近平新时代中国特色社会主义思想进课程教材指南》《职业院校教材管理办法》等文件精神，机械工业出版社与教材编写团队一道，认真执行思政内容进教材、进课堂、进头脑要求，尊重教育规律，遵循学科特点，对教材内容进行了更新，着力落实以下要求：

1. 提升教材铸魂育人功能，培育、践行社会主义核心价值观，教育引导学生树立共产主义远大理想和中国特色社会主义共同理想，坚定"四个自信"，厚植爱国主义情怀，把爱国情、强国志、报国行自觉融入建设社会主义现代化强国、实现中华民族伟大复兴的奋斗之中。同时，弘扬中华优秀传统文化，深入开展宪法法治教育。

2. 注重科学思维方法训练和科学伦理教育，培养学生探索未知、追求真理、勇攀科学高峰的责任感和使命感；强化学生工程伦理教育，培养学生精益求精的大国工匠精神，激发学生科技报国的家国情怀和使命担当。加快构建中国特色哲学社会科学学科体系、学术体系、话语体系。帮助学生了解相关专业和行业领域的国家战略、法律法规和相关政策，引导学生深入社会实践、关注现实问题，培育学生经世济民、诚信服务、德法兼修的职业素养。

3. 教育引导学生深刻理解并自觉实践各行业的职业精神、职业规范，增强职业责任感，培养遵纪守法、爱岗敬业、无私奉献、诚实守信、公道办事、开拓创新的职业品格和行为习惯。

在此基础上，及时更新教材知识内容，体现产业发展的新技术、新工艺、新规范、新标准。加强教材数字化建设，丰富配套资源，形成可听、可视、可练、可互动的融媒体教材。

教材建设需要各方的共同努力，也欢迎相关教材使用院校的师生及时反馈意见和建议，我们将认真组织力量进行研究，在后续重印及再版时吸纳改进，不断推动高质量教材出版。

机械工业出版社

前　言

近年来，随着社会经济和高新技术的发展，以影视事业发展为主导的产业相继出现，许多新兴职业和岗位，如自媒体视频制作、游戏特效制作、影视特效合成等也应运而生。党的二十大报告强调，要统筹职业教育、高等教育、继续教育协同创新，推进职普融通、产教融合、科教融汇，优化职业教育类型定位，用党的科学理论武装青年，用党的初心使命感召青年。因此，该教材以党的二十大精神为指引，将精神深入融入教材内容、配套资源、课程建设、教学团队及教学改革与实践等方面，以务实举措落实党的二十大精神进教材、进课堂、进头脑。具体来说，第一，教材以实现"重理论知识、强实操技能"的培养目标，培养具备从事影视动画岗位的专业理论知识和实操技能的高素质高技术技能人才，落实二十大人才强国战略精神，教材配套视频、课件等资源中配有二十大报告经典语录，引导青年学子努力成为堪当民族复兴重任的"复兴栋梁、强国先锋"。第二，教材为2022年职业教育国家在线精品课程（课程名为"影视合成"）的配套用书，是动漫制作技术、数字媒体技术、计算机应用等专业的专业核心课教材。教材与课程建设同步，课程将党的精神融入到在线课程模块中，构建了"建党100周年专题"等专题。第三，以二十大精神充实教学团队，教材集高校专业骨干教师和影视企业一线制作人员之力，将编者在教学和实践工作中的经验总结文本化，建设政治素质过硬、业务能力精湛、育人水平高超的高素质教师队伍，以期契合新时代、新环境的发展。第四，教材为编者团队长期教学改革与实践成果，团队长期从事全过程混合式教学、师生竞赛等工作，通过教学研究和竞赛实践及时更新教学内容、创新教学方法，让党的二十大精神在课堂落地生根。

本书的特色之处在于：深入融入二十大报告精神，以当前市场的需求为导向，以培养符合企业影视类、设计类等岗位用人标准为目的，以企业真实项目为载体，通过分析岗位的需求特征，提取典型性工作任务，进而构建教材内容。全书采取模块化、项目化的方式编写，通过对项目案例进行详细分解，选取并提炼知识点和技能点，对所选取的知识点和技能点进行理论剖析，让读者透彻地理解原理，然后通过实训案例再次整合知识点和技能点，从而巩固所学知识，为读者全方位地呈现项目制作的流程，使读者对相对应的就业岗位形成清晰的认识，以提高实战能力。

另外，本书能适应1+X证书试点工作的需要。由于本书采用理论分析和案例相结合的形式，对影视特效与合成技术进行了详细的讲解，通过课程建设和改革，将职业技能等级考试，如全国信息技术高级人才水平考试（NIEH）、国家信息化培训认证（CEAC）、ACAA中国高级数字艺术认证、Adobe认证等职业技能认证标准融入教材的技能点中，使读者在学习过程中能够掌握并熟练运用技能要点，达到职业技能等级要求。本书编者专业技能扎实，组织学生比赛的经验丰富且屡获嘉奖，曾指导学生在国家级、省级、市级比赛中获一、二、三等奖共计35项。

本书的线上教学资源丰富。经过主编五年的探索，初步完成了"影视合成"课程建设，因而拥有丰富的教学资源，包括教学课件（PPT）、高质量微课教学视频、案例素材与源文件、拓展训练素材及源文件、在线测试题库等。微课教学视频以二维码形式在教材中对应技能点位置出现，即扫即学，强化学习效果。为了适应新的教学形式，本书还配有专业的在线学习平台（https://www.xueyinonline.com/detail/227455069），平台资源将定期更新，同步介绍行业和企业最新的技术和实战项目案例，平台的互动功能能加强读者与编者的沟通交流，实现线上线下双轨交流的教学目的。

本书获得以下项目支持：2022 年职业教育国家在线精品课程——《影视合成》课程；2021 年广东省教育厅优质网络课程——《影视合成》课程（JXJYGC2021EY0332）；2021 年广东省高职教育教学改革研究与实践项目（基于 TPACK 理论的全过程混合式教学模式构建与实践研究——以《影视合成》省级精品在线开放课程为例（GDJG2021311）。

本书主要由甘百强、邓飞、张弛编著，吕培德、张红青、李欣怡、王容霞参与编写。由于编者水平所限，书中难免会有疏漏之处，恳请广大读者批评指正，我们将诚恳地接受您的意见，并不断改进。

编　者

二维码资源清单

目　　录

第 1 章　基　础　知　识

学习目标：掌握不同电视制式的特点和 After Effects CC 软件的工作流程。

1.1　影视特效与合成的基本概念

1.1.1　电视制式

目前各国的电视制式不尽相同，制式的区分主要在于帧频（场频）、分解频、信号带宽，以及载频色彩空间的转换关系等。世界上现行的彩色电视制式有 NTSC（National Television System Committee）制式、PAL（Phase Alternation Line）制式和 SECAM（Sequential Color And Memory）制式 3 种。

1．NTSC 制式

NTSC 制式是 1952 年由美国国家电视标准委员会指定的彩色电视广播标准，采用正交平衡调幅技术，因此也称正交平衡调幅制。加拿大等大部分西半球的国家以及日本、韩国、菲律宾等均采用这种制式。

2．PAL 制式

PAL 制式是 1962 年由德国指定的彩色电视广播标准，采用逐行倒相正交平衡调幅技术，克服了 NTSC 制式相位敏感造成色彩失真的缺点。中国、新加坡、澳大利亚、新西兰等国家以及德国、英国等一些西欧国家均采用这种制式。

3．SECAM 制式

SECAM 是法文的缩写，意为顺序传送彩色信号与存储恢复彩色信号制，是由法国在 1966 年制定的一种彩色电视制式。它也克服了 NTSC 制式相位失真的缺点，采用时间分隔法来传送两个色差信号。使用 SECAM 制式的国家主要为法国及东欧和中东地区的国家。

1.1.2　帧与帧速率

帧就是影像动画中最小单位的单幅影像画面，相当于电影胶片上的一格镜头。一帧就是一幅静止的画面，连续的帧组合在一起就形成动画，如电视图像等。通常说的帧数就是在 1s 时间里传输的图片的帧数，也可以理解为图像处理器每秒钟能够刷新的次数，通常用帧速率（Frames Per Second，fps）表示。每秒钟传输的帧愈多，所显示的动作就会愈流畅。当每秒播放的画面达到 12 帧以上时，人眼就不会感觉到明显的跳动感。因此，一般情况下，制作电影、动画所需要的帧速率要高于 12fps，以使画面的流畅性会更强。具体来说，电影的帧速率一般为每秒 24 幅画面。

由于每个国家采用的制式不同，对帧数率的要求也就不同，其中最为常用的 PAL 制式标准是每秒 25 幅画面——25fps，NTSC 制式标准是每秒 30 幅画面——30fps。

1.1.3　画面宽高比

画面宽高比是指拍摄或制作影片的长度和宽度之比，以电视为例，主要包括 4:3 和 16:9 两种。相对于 4:3 来说，16:9 的画面更接近于人眼的实际视野，这是因为人眼所观察的水平视角大于垂直视角，扩大画面宽度可以增强真实感。

1.1.4　像素宽高比

像素是非矢量图的最小组成单元，通俗来说，将一张非矢量图使用 Photoshop 打开，并放大至千倍以上时能够看到组成图像的一个个矩形方点，这些小方点就是像素。像素宽高比指图像中一个像素的宽度与高度之比，如我国的 PAL 制式的像素宽高比是 16:15。由 PAL 制式规定画面宽高比为 4:3，根据画面宽高比的定义及像素宽高比 1:1 的情况来推算，PAL 制图像分辨率应为 768 像素×576 像素，而 PAL 制的分辨率为 720 像素×576 像素，因此，实际 PAL 制图像的像素比是 768:720=16:15=1.07。也就是说，将原来的正方形像素进行拉伸，从而保证画面 4:3 的宽高比例。

1.1.5　视频编码

视频编码是指通过特定的压缩技术，将某个视频格式的文件转换成另一种视频格式文件的方式。视频流传输中最为重要的编解码标准有国际电联的 H.261、H.263、H.264 以及运动静止图像专家组的 M-JPEG 和国际标准化组织运动图像专家组的 MPEG 系列标准。此外，互联网上广泛应用的还有 Real-Networks 的 RealVideo、微软公司的 WMV 以及 Apple 公司的 QuickTime 等。

H.264 是目前市场上最主流的视频编码技术之一，它是由 ITU-T 的 VCEG（视频编码专家组）和 ISO/IEC 的 MPEG（活动图像编码专家组）联合组建的联合视频组提出的一个新的数字视频编码标准。其主要特点是视频编码效率更高、视频画面质量更高以及错误恢复功能强。

1.1.6　视频格式

1．AVI 格式

AVI（Audio Video Interleaved，音频视频交错）格式可以将视频和音频交织在一起进行同步播放。这种视频格式的优点是图像质量好，可以跨平台使用；缺点是体积过大，而且压缩标准不统一。它是 After Effect 常用的一种输出格式。

2．MPEG 格式

MPEG（Moving Picture Expert Group，运动图像专家组）格式采用了有损压缩方法，从而减少运动图像中的冗余信息。目前常见的 MPEG 格式有 3 个压缩标准，分别是 MPEG-1、MPEG-2 和 MPEG-4。

3．MOV 格式

MOV 格式是美国 Apple 公司开发的一种视频格式，默认的播放器是 Apple 公司开发的 QuickTime Player，具有较高的压缩比率和较完美的视频清晰度，其最大的特点还是跨平台性，即不仅能支持 MAC 系统，也能支持 Windows 系列系统。这是 After Effects 常用的一种输出格式，可以得到文件很小但画面质量很高的影片。

4．ASF 格式

ASF（Advanced Streaming Format，高级流格式）是微软为了和现在的 Real Player 竞争而推出的一种视频格式。用户可以直接使用 Windows 系统自带的 Windows Media Player 对这种格式的视频进行播放。由于它使用了 MPEG-4 的压缩算法，因此压缩比率和图像的质量都很不错。

1.1.7 图像格式

1．BMP

BMP（全称 Bitmap）格式图形文件是 Windows 系统中的标准图像文件格式，在 Windows 环境下运行的所有图像处理软件几乎都支持 BMP 格式。它以独立于设备的方法描述位图，可以用于非压缩格式存储图像数据，解码速度快，支持多种图像的存储。

2．JPEG/JPG

JPEG（Joint Photographic Experts Group，联合图像专家组）格式是较为常见的一种 24 位图像处理格式，由国际标准化组织（ISO）和国际电报电话咨询委员会（CCITT）的联合图像专家组（JPEG）制定。JPEG 文件的压缩技术十分先进，使用有损压缩的方式去除冗余的图像和彩色数据，能够在得到极大压缩比率的同时展现出十分丰富生动的图像。JPEG 文件有两种扩展名：.jpeg 和.jpg。

3．GIF

GIF（Graphics Interchange Format，图像互换格式）采用压缩比率较高的 LZW 无损数据压缩算法，存储色彩最高位 256 色。它的最大优点是体积小、可用于网络传输；最大缺点是只能处理 256 种色彩，因此不能用于存储真彩色的图像文件。

4．PNG

PNG（Portable Network Graphics，便携式网络图形）格式是一种能够存储 32 位信息的位图文件格式。它的图像质量要远远胜于 GIF。PNG 也采用无损压缩方式来减少文件体积的大小。PNG 图像可以是灰色的，或者是彩色的，也可以是 8 位的索引色。

5．TIFF

TIFF（Tag Image File Format，标签图像文件格式）是应用于 MAC 系统的一种图形格式文件，现在 Windows 系统主流的图像处理应用软件也都支持这种格式。TIFF 格式的特点是存储图像质量高，但占用的存储空间也非常大，其大小相当于 GIF 格式图像的 3 倍；细微层次的信息比较多，有利于原始色调与色彩的恢复。

1.1.8 音频格式

1．WAV

WAV 是由 Microsoft 公司开发的一种声音文件格式，也称为波形声音文件，是最早的数字音频格式，被 Windows 系统及其应用程序广泛应用。WAV 格式音频可以有不同的采样频率和比特量，其音质也会不同。

2．AIFF

AIFF 音频文件是苹果计算机的标准音频格式，文件后缀为.aiff 或.aif，是业界广泛使用的声音文件格式。

3．MP3

MP3 是一种有压缩的声音文件格式，其压缩率达到 1：10 甚至更高，它主要是过滤人耳不太敏感的高分贝部分声音。MP3 文件小，质量高，能够被各种视音频处理软件兼容。

4．WMA

WMA 是 Microsoft 公司最经典的一种音频压缩格式，其压缩比率达到 1:18，文件大小仅为相应 MP3 文件的一半，声音质量却相差不大。

1.2　After Effects CC 2018 工作流程

1.2.1　After Effects CC 2018 工作界面介绍

After Effects CC 2018 软件安装完成后，第一次启动软件时，将显示标准用户界面。该界面包括菜单栏、工具栏、项目面板、合成面板、效果和预设面板、时间线面板，如图 1-1 所示。其中较重要的面板是项目面板、合成面板和时间线面板。

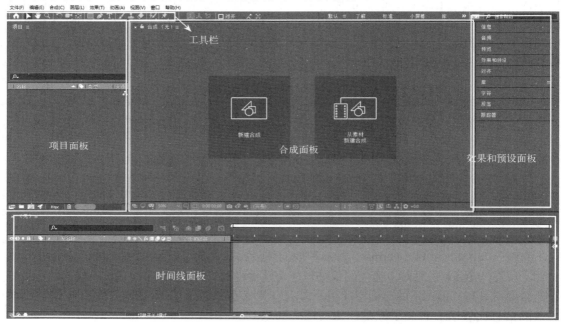

图 1-1

1．项目面板

项目面板是管理导入素材的窗格，从中可以看到项目内容的文件和文件夹，相当于 After Effects 的素材浏览器或素材大纲列表。

2．合成面板

合成面板是显示画面效果的"浏览器"，在其中可以预览编辑时每一帧的效果，对文件的任何操作都要以此面板为参考。

3．时间线面板

时间线面板是 After Effects 真正的核心，是编辑操作的主要区域，导入这里的每一个合成（或镜头）中的素材元素都分层放置，然后可以通过对图层的控制完成想要的动画制作，并按时间排序。通常在这里可以同时打开多个合成（或镜头），它们并列排列在时间线标签处。

4. 工具栏

▶ 选取工具（V）：用于选择或移动对象以及改变层的持续时间等操作。

✋ 手形工具（H）：当视图放大时，可以用于平移视图。

🔍 缩放工具（Z）：用于合成界面大小的缩放，方便查看素材细节。

↻ 旋转工具（W）：用于对选定的对象进行旋转。

📹 统一摄像机工具（C）：对合成中的摄像机进行旋转、推拉、平移等操作，单击该图标右下角的三角形图标，可在弹出的面板中选择其他摄像机工具。

◎ 锚点工具（Y）：用于移动对象中心点位置。

▭ 矩形工具（Q）：该工具具有绘制图形和遮罩两种功能。当未选择图层时，所绘制出的是矩形形状；当选择图层时，所绘制出的是该图层的矩形遮罩。单击该图标右下角的三角形图标，可在弹出的面板中选择其他形状工具。

✒ 钢笔工具（G）：用于绘制精确的图形或遮罩。当选择图层时，所绘制出的是不规则图形；当选择图层时，所绘制出的是该图层的遮罩。单击该图标右下角的三角形图标，即可在弹出的面板中选择其他工具。

🆃 文字工具（T）：用于文字的创建。

1.2.2 After Effects CC 2018 基本参数设置

在项目制作之前，用户可以根据项目本身的需求，对软件参数进行设置，以便最大化地利用有限资源，提高工作效率，实现项目要求的环境配置。

1. "常规"界面设置

执行"编辑"→"首选项"→"常规"菜单命令，如图 1-2 所示，即可打开"首选项"对话框中的"常规"界面，如图 1-3 所示。

图 1-2

"常规"界面选项，主要用于对软件自身界面的显示效果，以及与整个操作系统的协调性进行设置。

5

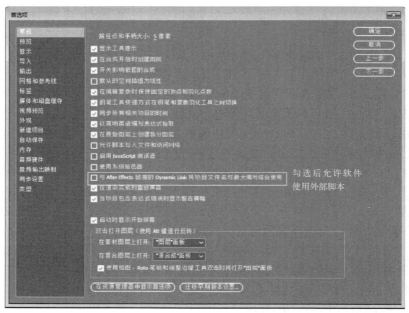

图 1-3

2."预览"界面设置

"预览"界面选项主要是用于对视频和音频预览的相关参数进行设置,如图 1-4 所示。

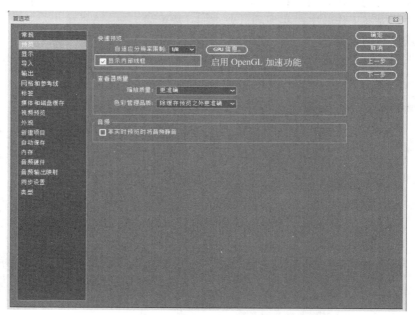

图 1-4

3."显示"界面设置

"显示"界面选项主要是对运动路径、图层等信息的显示方式进行设置,如图 1-5 所示。

4."导入"界面设置

"导入"界面选项主要用于对静止素材导入合成中显示出来的长度和导入序列素材的帧

速率等相关参数设置，如图 1-6 所示。

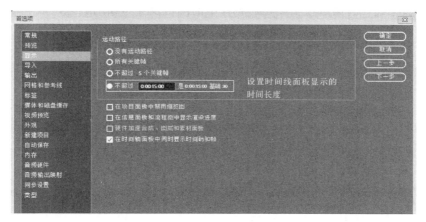

图 1-5

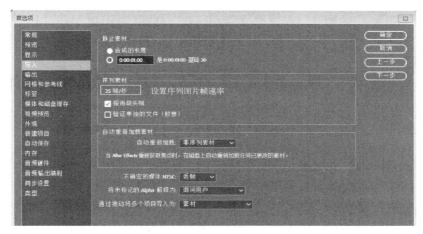

图 1-6

5."输出"界面设置

"输出"界面选项主要对影片的输出参数进行设置，如图 1-7 所示。

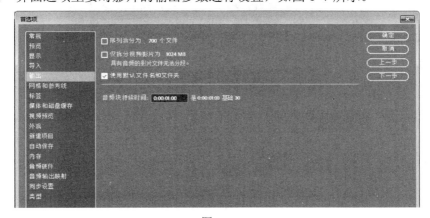

图 1-7

6."网格和参考线"界面设置

"网格和参考线"界面选项主要是对软件中的网格及参考线的颜色、数量、距离等进行设置，如图 1-8 所示。

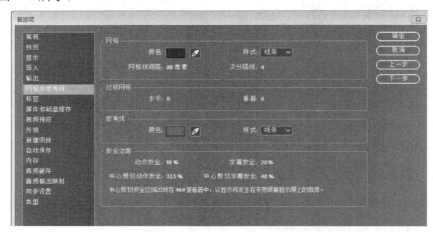

图 1-8

7."标签"界面设置

"标签"界面选项主要用于对软件中合成、视频、音频、静止图像、文本等图层的颜色进行设置，如图 1-9 所示。

图 1-9

8."媒体和磁盘缓存"界面设置

"媒体和磁盘缓存"界面选项主要用于对计算机的磁盘缓存大小进行设置，如图 1-10 所示。

9."自动保存"界面设置

"自动保存"界面选项主要用于对项目文件按照设定的时间间隔进行自动保存设置，如图 1-11 所示。

10."内存"界面设置

"内存"界面选项主要对 After Effects 在运行时所占的内存空间进行设置，如图 1-12 所示。

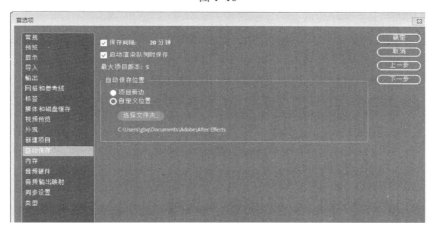

图 1-10

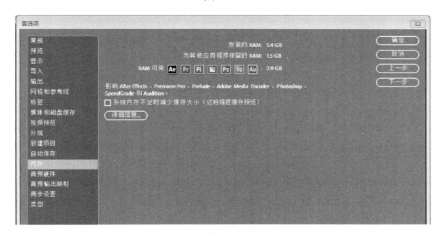

图 1-11

图 1-12

第2章 项目管理

学习目标：掌握项目管理的基本操作方法和规范化管理流程。

2.1 项目工程文件管理

After Effects 是一款特效合成软件，涉及的项目工程和素材较多，所以工程文件的管理在工作流程中显得尤为重要。对项目工程文件的管理，可以使文件的摆放井然有序，方便使用者查找，有助于提高工作效率。

项目工程文件管理

2.1.1 素材整理

After Effects 工作流程是由一系列相互独立的模块构成的，可以通过路径连接方式导入相关素材；经过前期对素材的收集和整理，能方便快捷地找到指定文件。

技能点：能够对前期素材文件进行重命名、移动、分类摆放。

1．素材类型

在项目前期，设计者会通过查找、绘制等方式获取不同类型的素材，为后期制作做准备。总体来说，素材一般分为图片、视频和音频 3 种类型。不同类型素材所采取的格式和编码方式有所不同，如图 2-1 所示。

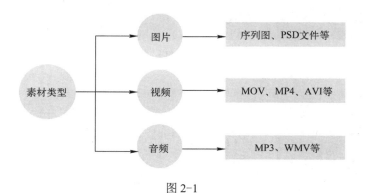

图 2-1

2．前期素材整理

前期的素材整理采取以下步骤进行操作。

1）打开项目存放的目标位置，以项目名作为第一组素材文件的文件夹名称，如图 2-2 所示。

2）在项目文件夹下新建名称为"素材"的文件夹，用于存放项目素材，如图 2-3 所示。

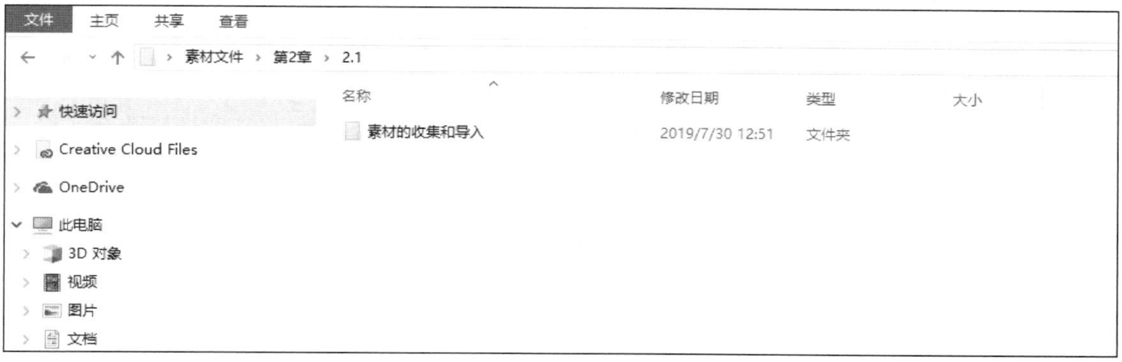

图 2-2

图 2-3

3）可以在项目文件夹下创建多个素材文件夹并根据项目类型进行分类。以饮食广告宣传片项目为例，可采用"饮食广告宣传片素材"进行命名，如果需要同时加入其他项目文件素材，可另外创建一个文件夹，如图 2-4 所示。

图 2-4

4）除根据项目类型进行素材分类外，还可以根据素材文件类型进行分类，如图 2-5 所示。

图 2-5

5）在同一种类型的素材文件夹中，例如在"图片"素材文件夹中，可根据图片素材内容进行区分，如图 2-6 所示。

图 2-6

6）在整理素材文件时要注意文件的排序，需要按照序号进行排列，如图 2-7 所示。

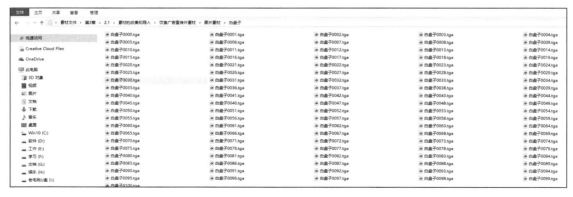

图 2-7

2.1.2 素材导入

After Effects 是一款可以对素材进行有效合成的软件，如前所述，素材主要分为图片、视频和音频 3 种类型，将素材导入软件中时，不同的素材所用的方法不同，同类素材的导入方法也有所区别，读者需要了解它们之间的差别，才能按照需求将素材成功导入软件。

技能点： 能够完成普通图片、音视频、序列图片、PSD 等分层源文件素材的导入。

1．项目素材的导入

素材导入的主要方法有以下几种。

- 执行"文件"→"导入"→"文件"菜单命令（快捷键〈Ctrl+I〉），如图 2-8 所示，在打开的"导入文件"对话框中选择需要的素材后单击"打开"按钮。

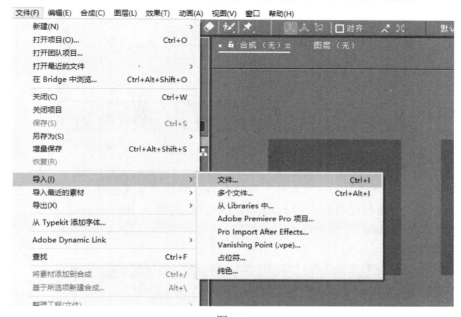

图 2-8

- 在项目面板空白处双击，弹出"导入文件"对话框，选中需要导入的素材，然后单击"打开"按钮。
- 在项目面板空白处右击，在弹出的快捷菜单中选择"导入"→"文件"命令，如图 2-9 所示，弹出"导入文件"对话框，选中需要导入的素材，然后单击"打开"按钮。
- 找到素材文件或所在文件夹位置，直接拖动文件或文件夹到项目面板中。

2．普通图片、视频素材、音频素材的导入

普通图片指的是 JPG、PNG 等格式的文件；视频素材的常用格式为 MOV、MP4、WMV、AVI 等；音频素材的常用格式为 MP3、WMV 等。对于上述常规素材的导入，直接使用前文介绍的项目素材导入方法即可完成。

3．序列图片的导入

对于序列图片素材的导入，可按照实际的需求导入完整的序列动画，也可以选择其中一部分进行导入。

图 2-9

（1）完整序列图片的导入

执行"文件"→"导入"→"文件"菜单命令，弹出"导入文件"对话框，按路径"素材文件\第 2 章\2.1\素材的收集和导入\饮食广告\宣传片素材\图片素材\白盘子"，选择素材（这里选择"白盘子 0000"，也可选择一定范围），勾选"Targa 序列"复选框，单击"导入"按钮，如图 2-10 所示。

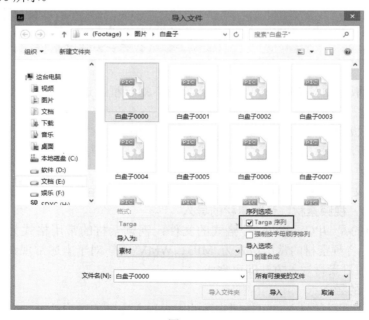

图 2-10

在弹出的"解释素材：白盘子[0000-0100].tga"对话框中单击"确定"按钮，如图 2-11 所示。如果所导入素材带有 Alpha 通道，可以在该对话框中对素材单独进行 Alpha 通道设置。

（2）单帧序列图片导入

执行"文件"→"导入"→"文件"菜单命令，弹出"导入文件"对话框，取消勾选"Targa 序列"复选框，单击"导入"按钮，导入的素材即为单帧图片，如图 2-12 所示。

图 2-11

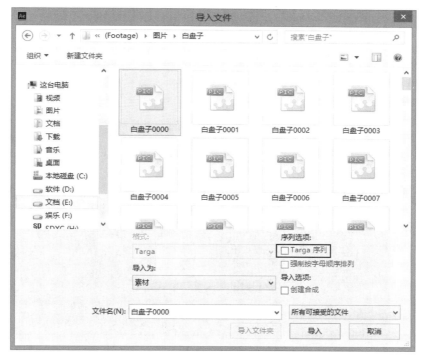

图 2-12

（3）PSD 等分层源文件导入

对含有分层信息的文件，例如 PSD、AI 等源文件，将其导入软件中有 3 种方式可以选择，分别是以素材方式导入、以合成-保持图层大小方式导入、以合成方式导入。

1）以素材方式导入。双击项目面板空白处，弹出"导入文件"对话框，选择素材（这里选择"素材文件\第 2 章\2.1\素材的收集和导入\饮食广告宣传片素材\图片素材\糖.psd"），在"导入为"下拉列表框中选择"素材"选项，如图 2-13 所示，单击"导入"按钮后会弹出"糖.psd"对话框，其中有两种选择方式，分别为"合并的图层"和"选择图层"，在"选择图层"下拉列表框中选择所需图层，单击"确定"按钮即可完成导入，如图 2-14 所示。

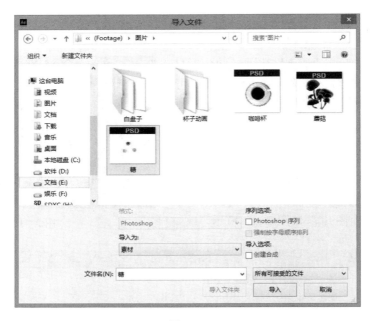

图 2-13

图 2-14

技巧提示：在"糖.psd"对话框中，如果选择"合并的图层"单选按钮，导入的是一个完整的分层源文件；如果选择"选择图层"单选按钮，导入的是分层源文件中的某一个图层。

2）以合成-保持图层大小方式导入。双击项目面板空白处，弹出 "导入文件"对话框，选择素材（这里选择"素材文件\第 2 章\2.1\素材的收集和导入\饮食广告宣传片素材\图片素材\糖.psd"），在"导入为"下拉列表框中选择"合成-保持图层大小"选项，如图 2-15所示，单击"导入"按钮，在项目面板中会出现以分层方式新建的合成文件，且分层文件夹中的素材按照源文件图层顺序排列，如图 2-16 所示。

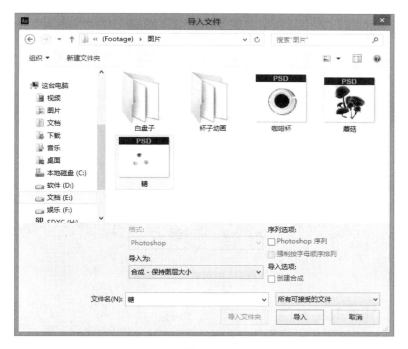

图 2-15

图 2-16

技巧提示：在"糖.psd"对话框中，如果选择"可编辑的图层样式"单选按钮，则支持分层源文件中的 3D 图层相交信息，即源文件中所添加的图层样式信息会保留下来；如果选择"合并图层样式到素材"单选按钮，则不支持分层源文件中的 3D 图层相交信息。

以合成-保持图层大小方式导入的素材，它的中心点在它自身，如图 2-17 所示。

3）以合成方式导入。双击项目面板空白处，弹出"导入文件"对话框，选择素材（这里选择"素材文件\第 2 章\2.1\素材的收集和导入\饮食广告宣传片素材\图片素材\

糖.psd"），在"导入为"下拉列表框中选择"合成"选项，单击"导入"按钮，即可完成导入。

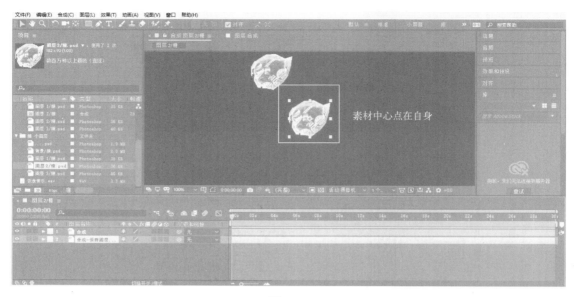

图 2-17

技巧提示：以合成方式导入的素材，整个分层文件将作为一个整体导入，且各分层素材的中心点位置在整个合成文件的中心，如图 2-18 所示。

图 2-18

2.2 项目素材管理

当一个项目中的图片素材、音频素材、视频素材、合成素材及各种组建素材过多时，为了方便素材的查找和编辑，需要对各种素材进行合理的分类管理。本节是对广告宣传片的素材进行整理，将广告宣传片的素材按照一定的镜头方式来进行分类，通过创建文件夹对素材进行分类管理。

2.2.1 文件夹的新建与重命名

技能点：能够完成文件夹的新建、文件夹的重命名。

1. 在项目面板中新建文件夹

当项目中的文件种类多而繁杂时，需要用文件夹对文件进行分类整理。在项目面板中新建文件夹的方法有以下几种。

● 单击项目面板下方的"新建文件夹"按钮，即可在项目面板中创建一个新的文件夹，如图 2-19 所示。

● 右击项目面板空白位置，在弹出的快捷菜单中选择"新建文件夹"命令，即可在项目面板中创建新的文件夹，如图 2-20 所示。

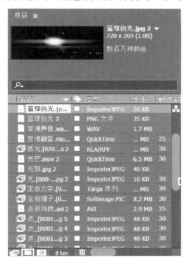

图 2-19 图 2-20

● 执行"文件"→"新建"→"新建文件夹"菜单命令，即可在项目面板中创建新的文件夹，如图 2-21 所示。

图 2-21

● 使用快捷键〈Ctrl+Alt+Shift+N〉，即可在项目面板中创建新的文件夹。

2．在项目面板中重命名文件夹

为了方便文件的快速查找，需要对文件夹进行重命名，从而增加文件的识别度。文件夹或者文件的重命名方式有以下几种。

- 选择选取工具，单击需要重命名的文件夹或文件后按〈Enter〉键，再输入新的文件名。
- 选择选取工具，选中文件或文件夹并右击，在弹出的快捷菜单中选择"重命名"命令，在弹出的对话框中输入新的文件名，如图 2-22 所示。
- 选择选取工具，选中文件或文件夹，按〈F2〉键，在弹出的对话框中输入新的文件名即可。

使用上述方法可以分别新建图片文件夹、视频文件夹、音频文件夹、合成文件夹、PSD 文件夹和 Tga 序列文件夹。

技巧提示：工具栏中的选取工具快捷键〈V〉，必须在英文输入法状态下才能使用。

图 2-22

2.2.2 素材的移动与删除

对导入的素材进行归类管理时，可能需要对素材进行移动或删除等操作，从而有效地整理项目面板空间，提高项目面板的整洁度。

技能点：能够对素材进行移动、删除及掌握相应操作的快捷键。

1．素材的移动

在工具栏中选择选取工具，单击项目面板中需要移动的素材，按住鼠标左键，将其拖动至对应的文件夹上方，文件夹呈现选中状态的颜色时，释放鼠标即可移动素材到目标文件夹。

2．素材的删除

对于不需要的素材或者文件夹，有以下几种方法进行删除。

- 选择选取工具，在项目面板中选中需要删除的素材或者文件夹，按〈Delete〉键即可删除。
- 选择选取工具，选中需要删除的素材或者文件夹，单击项目面板下方的"删除"按钮🗑即可删除，如图 2-23 所示。

图 2-23

- 选择选取工具，执行"文件"→"整理工程文件"→"删除未用过的素材"菜单命令，即可删除文件中多余的素材，如图 2-24 所示。
- 选择选取工具，在项目面板中选择项目中用到的所有合成影像，执行"文件"→"整理工程文件"→"减少项目"菜单命令，如图 2-25 所示，即可删除所选合成影像中没有使用过的所有素材。

图 2-24

图 2-25

技巧提示：在项目面板中，按住〈Ctrl〉键可以选中多个不连续的素材，按住〈Shift〉键选择可以选中多个连续的素材。在项目面板中，删除操作仅删除 After Effects 项目软件中的素材，计算机硬盘中的素材并未被删除。

2.2.3 素材的替换和代理设置

在项目制作过程中，素材的丢失、素材的渲染对整个项目工程起到非常大的作用，通过对丢失和不需要的素材进行替换可以减小不必要的损失，对素材的代理设置可以有效地提高视频渲染的速度。

技能点：掌握素材的替换与代理设置。

1．素材的替换

After Effects 软件中导入的素材都是以指定硬盘中文件夹的路径链接构成的，所以硬盘中文件夹的移动或更改都可能造成链接中断，导致素材丢失。软件中的素材丢失，系统会自动在其相应位置增加占位符（俗称彩条），如图 2-26 所示。

使用选取工具选中丢失的素材并右击，在弹出的快捷菜单中选择"替换素材"→"文件"命令（快捷键〈Ctrl+H〉），如图 2-27 所示，在弹出的"替换素材文件"对话框中选择需要重新链接的素材即可重新链接丢失的素材。

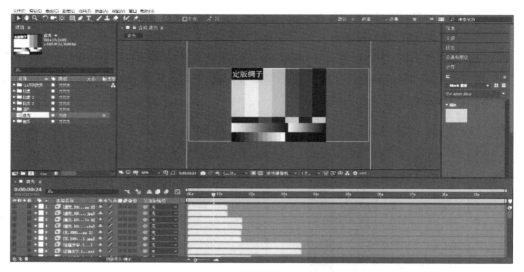

图 2-26

图 2-27

如果对当前的素材不满意，需要重新更换，操作方法同上。

提示技巧：替换素材后，被替换的素材在时间线上的所有操作信息都将被保留下来。

2．素材的代理设置

在 After Effects 软件中，如果项目文件过大，会影响到计算机的操作速度，此时可以使用"设置代理"命令用小文件替换当前的大文件，以提高工作效率。

打开本书配套工程文件（素材文件\第 2 章\2.2\广告宣传片素材管理.aep），选择选取工具，单击项目面板中的图片文件夹，展开图片文件夹下的素材。选中并右击"楼.jpg"，在弹出的快捷菜单中选择"设置代理"→"文件"命令（快捷键〈Ctrl+Alt+P〉），如图 2-28 所示。在弹出的对话框中选择"素材文件\第 2 章\2.2\素材\图片\灯.jpg"，单击"导入"按钮，设置成功之后素材上面会有正方形标识，如图 2-29 所示。

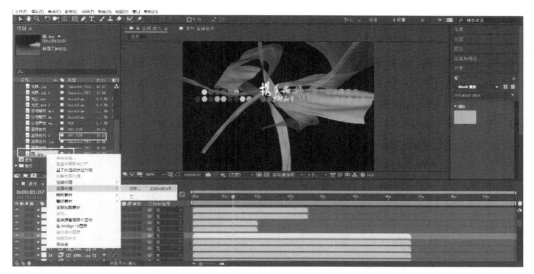

图 2-28

图 2-29

2.3 实训一：广东卫视栏目宣传片项目管理

2.3.1 案例概述

通过对电视台栏目宣传片项目的管理，完成栏目合成文件的创建，按项目任务需求完成素材的分类和导入、素材的优化和重命名，从而熟悉宣传片项目管理的完整流程。

实训一：广东卫视栏目
宣传片项目管理

2.3.2 思路解析

首先创建电视台宣传片的合成文件，导入宣传片所需素材，根据素材类型创建所需的文件夹，并对项目素材进行移动和重命名，实现规范的分类和整理，从而提高后期工作的效率，最后保存项目文件。

2.3.3 案例制作

1. 新建合成

单击项目面板左下角的"新建合成"按钮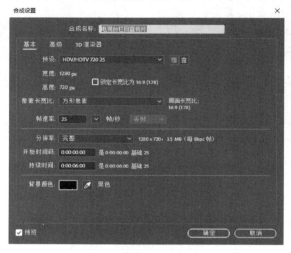，弹出"合成设置"对话框，将"合成名称"修改为"电视台栏目宣传片"，其他参数设置如图 2-30 所示。

图 2-30

2. 新建文件夹

单击项目面板左下角的"新建文件夹"按钮创建文件夹，然后选中新建的文件夹，按〈F2〉键，将其重命名为"tga 文件"；同理新建文件夹"镜头一""镜头二""镜头三""镜头四""镜头五"，并选中这 5 个文件夹，将其移至"tga 文件"文件夹中；同理再新建文件夹"音频""视频""电视台 logo""合成"，如图 2-31 所示。

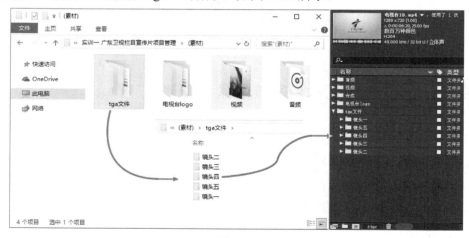

图 2-31

3. 导入素材

双击项目面板空白处，在弹出的"导入文件"对话框中，选择"素材文件\第 2 章\实训一：广东卫视栏目宣传片项目管理\素材\tga 文件\镜头一\01\01_0050.tif"素材，勾选"TIFF 序列"复选框，单击"导入"按钮，如图 2-32 所示；然后将其移至"镜头一"文件夹中，同理为"镜头二""镜头三""镜头四""镜头五"文件夹导入相应的素材文件，如图 2-33 所示。

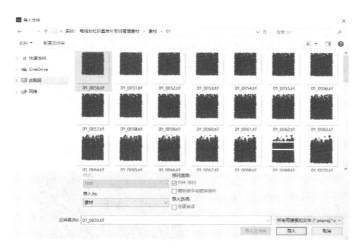

图 2-32

图 2-33

4．预览视频样片

双击项目面板空白处，在弹出的"导入文件"对话框中选中"素材文件\第 2 章\实训一：广东卫视栏目宣传片项目管理素材\素材\视频\电视台 ID.mp4"素材，单击"导入"按钮，然后选中工具栏中的选取工具，选择"电视台 ID.mp4"并将其拖曳至时间线面板，按空格键，即可快速预览视频样品，如图 2-34 所示。

图 2-34

5．重命名素材文件

双击项目面板空白处，在弹出的"导入文件"对话框中，选中"素材文件\第 2 章\实训一：广东卫视栏目宣传片项目管理素材\素材\音频"下的"1.wav"和"Singapore Airlines-

China.mp4"素材，单击"导入"按钮；然后使用选取工具分别选中素材，按〈Enter〉键，将素材分别重命名为"栏目背景音乐.wav"和"栏目宣传视频.mp4"，如图 2-35 所示。

6．分类管理素材

双击项目面板空白处，在弹出的"导入文件"对话框中选中"素材文件\第 2 章\实训一：广东卫视栏目宣传片项目管理素材\素材\电视台 logo\logo.ai"，在"导入为"下拉列表框中选择"合成-保持图层大小"选项，单击"导入"按钮。选中"logo.ai"素材，将其移动至"电视台 logo"文件夹中，同理将其他文件移至相应的文件夹，如图 2-36 所示。

图 2-35

图 2-36

7．保存文件

执行"文件"→"保存"菜单命令（快捷键〈Ctrl+S〉），弹出"另存为"对话框，如图 2-37 所示，将文件名修改为"实训一 电视台栏目宣传片项目管理.aep"，单击"保存"按钮即完成保存。

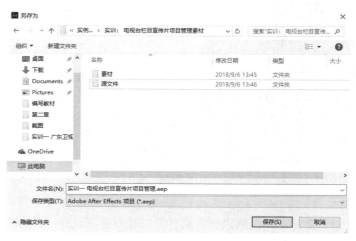

图 2-37

2.3.4　关键技能点总结

通过本案例的学习，读者能够掌握项目素材的导入、分类、整理、重命名操作。在项目制作过程中，能够清晰了解如何对项目工程进行规范化管理。

1．关键技能点

1）能够完成合成文件创建。

2）能够对前期素材进行重命名、移动、分类摆放。

3）能够完成普通图片、音视频、序列图片及分层源文件的导入。

4）能够完成项目面板中文件夹的新建及重命名。

5）能够在项目面板中对素材进行移动、删除，掌握相应的快捷键操作。

6）能够完成项目工程文件保存

2．实际应用

完成电视台宣传片项目的管理。

第3章 动画制作

动画制作是指使场景中的物体有运动变化和属性变化特性，其原理是通过关键帧来记录物体运动的轨迹，从而形成一系列有规则的运动。

学习目标：能够运用动画运动规律，完成初级动画、高级动画、遮罩动画的制作。

3.1 初级动画

3.1.1 创建图层

After Effects 中的项目是以图层编辑方式进行操作的，最基本的构成元素是图层，在软件中所有素材都是以图层方式显示的。因此，图层是制作动画不可或缺的部分。

技能点：能够创建图层，并能对图层进行设置。

图层的创建及设置

1．创建图层的方法

● 执行"图层"→"新建"菜单命令，在级联菜单中选择需要创建的图层类型，如图 3-1 所示，即可完成图层的创建。

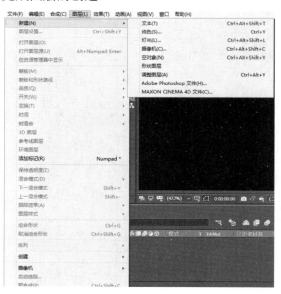

图 3-1

● 在时间线面板空白处右击，在弹出的快捷菜单中选择"新建"命令，在级联菜单中选择需要创建的图层类型，如图 3-2 所示，即可完成图层的创建。

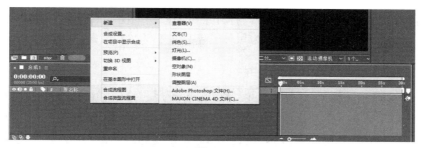

图 3-2

2．制作文本动画

（1）创建文本图层

创建文本图层（快捷键〈Ctrl+Shift+Alt+T〉），在时间线面板空白处右击，在弹出的快捷菜单中选择"新建"→"文本"命令，如图 3-3 所示，即可完成文本图层的创建。

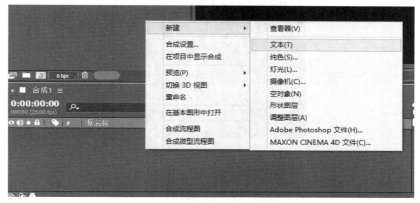

图 3-3

（2）输入文字

在工具栏中选择文字工具，输入文字"影视合成课程"，如图 3-4 所示。

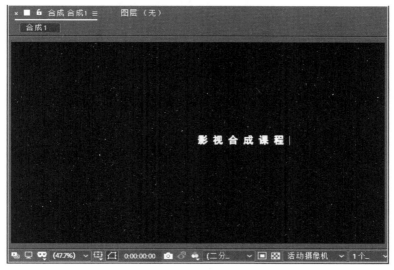

图 3-4

执行"窗口"→"字符"菜单命令，打开字符面板，如图 3-5 所示。选中文字"影视合成课程"，在字符面板中设置字体样式为黑体，字体大小为 34 像素，字体颜色为白色，无描边，如图 3-6 所示。

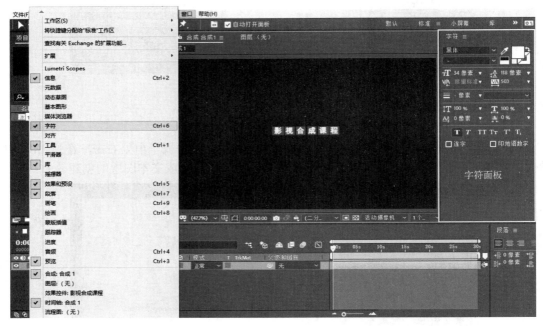

图 3-5

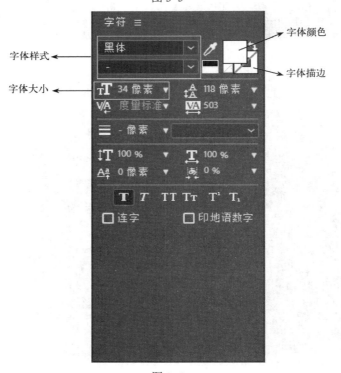

图 3-6

（3）添加效果和预设

选择"影视合成课程"图层，打开效果和预设面板，展开"Text"（文字特效）动画预设文件夹，选择"下雨字符入"预设并拖动到"影视合成课程"图层上，即可在"合成 1"面板中看到文字效果，如图 3-7 所示。

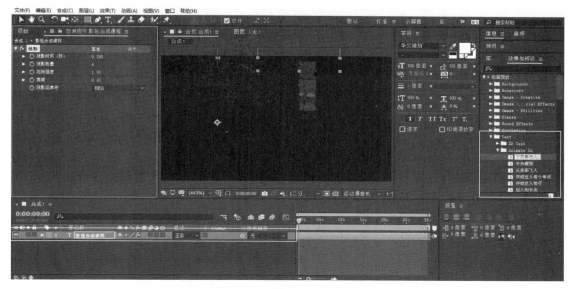

图 3-7

技巧提示：拖动"合成 1"的时间线，可在"合成 1"面板中观看文字的动画效果。除此之外，文字的效果和预设可以重复添加，从而产生不同的组合效果。例如为"影视合成课程"图层添加颜色预设，在"Fill and Stroke"预设文件夹中选择并拖动"旋转色相"预设至"影视合成课程"图层中，即可实现文字效果的叠加，如图 3-8 所示。

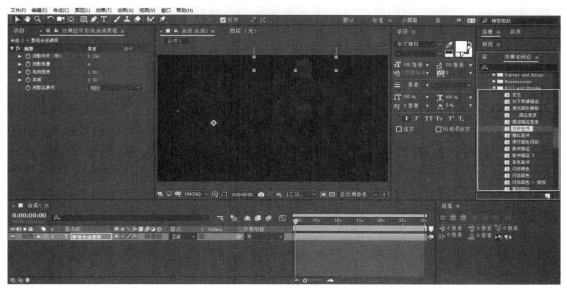

图 3-8

3．创建纯色（固态）图层

执行"新建"→"纯色"菜单命令（快捷键〈Ctrl+Y〉），弹出"纯色设置"对话框，可对新建纯色图层的名称、大小、单位和颜色进行设置，如图 3-9 所示，纯色图层创建效果如图 3-10 所示。

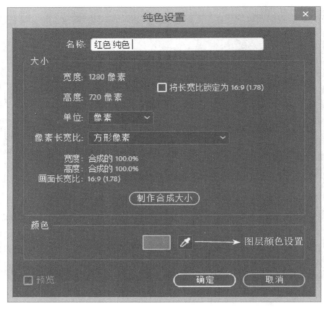

图 3-9

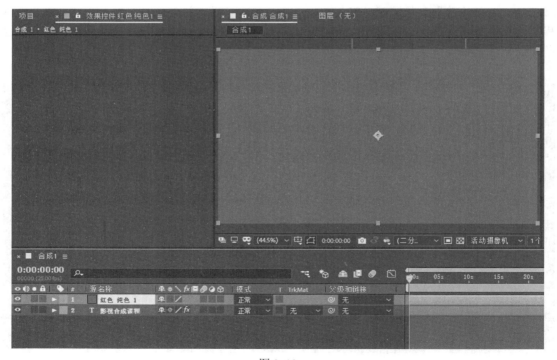

图 3-10

技巧提示：如果需要修改纯色（固态）图层的颜色，只需选中"红色纯色 1"图层，执行"图层"→"纯色设置"菜单命令（快捷键〈Ctrl+Shift+Y〉），如图 3-11 所示，在弹出的"纯色设置"对话框中修改颜色即可。

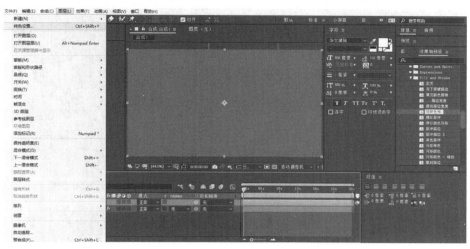

图 3-11

4．创建形状图层

在时间线面板空白处右击，在弹出的快捷菜单中执行"新建"→"形状图层"菜单命令，或用图形工具在"合成 1"中拖动即可创建出形状，如图 3-12 所示，效果如图 3-13 所示。展开"形状图层 1"图层属性，可对形状图层的路径、描边、填充、变换等进行设置。

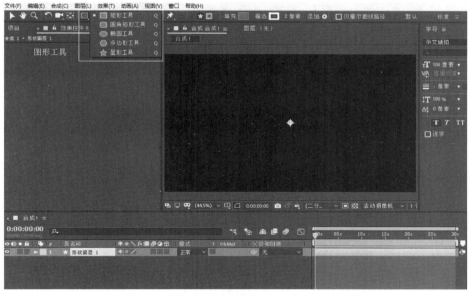

图 3-12

技巧提示：展开"形状图层 1"图层属性，在时间线面板中根据时间对形状图层的属性设置关键帧（即设置时间码表），如图 3-14 所示，即可以制作出图形动画。也可以在"形状图层 1"内容右侧的"添加"列表中选择内置形状图层预设效果，如图 3-15 所示，实现图形动画的制作。

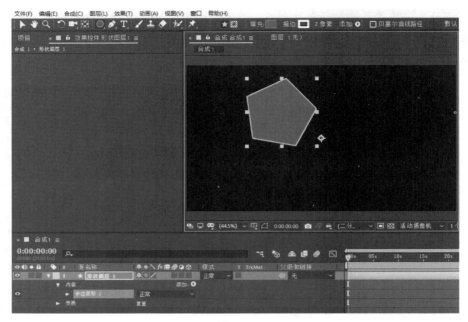

图 3-13

时间码表 ——

图 3-14

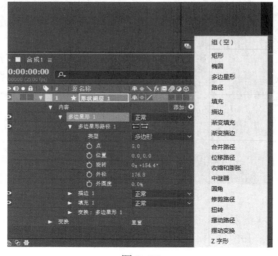

图 3-15

3.1.2　基础动画

After Effects 中的每个图层具有位置（位移）、缩放、旋转、透明度、锚点 5 种基本属性。通过对 5 种属性设置关键帧，即可完成基础动画的制作。本节主要介绍位置（位移）、缩放、旋转、透明度、锚点 5 个基础属性的使用，并为其设置关键帧，完成火箭动画案例制作。

技能点：能够完成位置（位移）、缩放、旋转、透明度、锚点的设置。

图层基本属性动画

1．位置（位移）动画

位置（位移）动画是指物体位置的移动，它根据水平和垂直坐标轴来控制物体移动的方向，调整物体在合成中的坐标位置。打开本书配套"素材文件\第 3 章\3.1\3.1.2\3.1.2.aep"文件，如图 3-16 所示，设置位置（位移）动画，方法有以下几种。

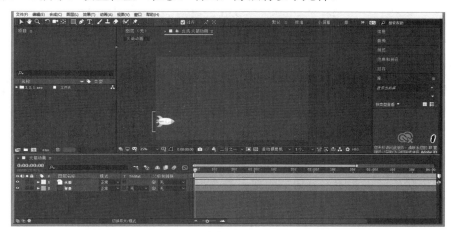

图 3-16

● 选中"火箭"图层，展开图层属性，将时间线拖动至 0:00:00:00 处，单击"位置"前面的码表按钮 ，设置"位置"为 108.0，845.4；然后拖动时间线至其他时间，调整位置水平和垂直方向的数值，即可完成位置（位移）动画的制作，如图 3-17 所示。

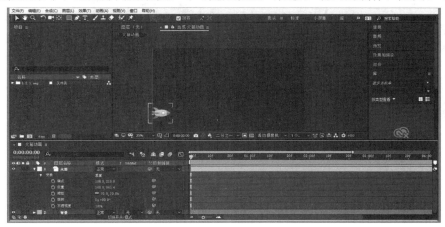

图 3-17

● 选中"火箭"图层，按〈P〉键，展开位置属性，调整左边的数值即可实现水平方向（X 轴）的位移动画，调整右边数值可以实现垂直方向（Y 轴）的位移动画，如图 3-18 所示。

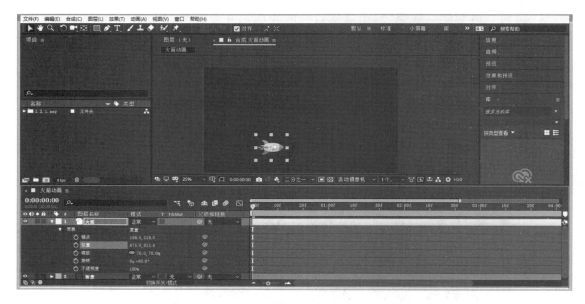

图 3-18

● 选中"火箭"图层，在工具栏中选择选取工具，然后按住〈Shift〉键拖动"火箭动画"合成中的火箭图形，即可实现火箭图形的水平或垂直方向上的位移，如图 3-19 所示。

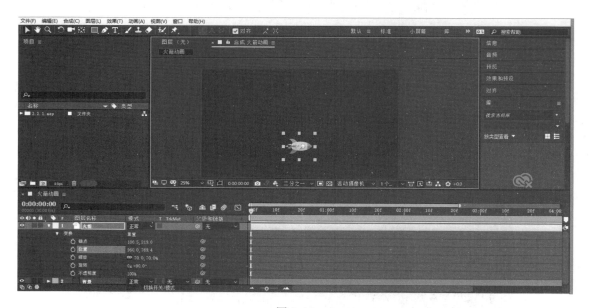

图 3-19

若需要在原有属性基础上加选多个属性，则要使用组合键来完成，例如要在已有的锚点属性中添加位置属性，只需要选中"火箭"图层，按〈Shift+P〉键就可以，如图3-20所示。

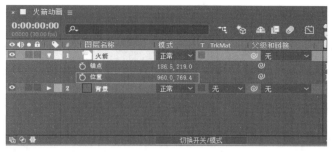

图 3-20

2．缩放动画

缩放动画是指物体大小的变化，依据轴向改变物体形体。默认状态下，X 轴与 Y 轴是绑定状态，调整数值，素材以等比例方式进行缩放。设置缩放动画的方法有以下几种。

● 选中"火箭"图层，展开图层属性，将时间线拖动至 0:00:00:00 处，单击"缩放"前面的码表按钮，关闭"缩放约束"，设置"缩放"为 0.0，70.0%；然后拖动时间线至其他时间，调整缩放数值，即可完成缩放动画的制作，如图 3-21 所示。

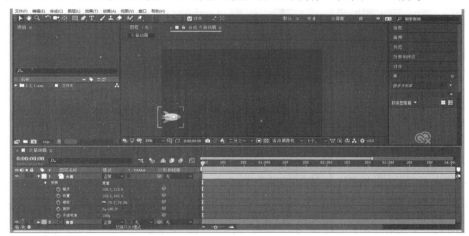

图 3-21

● 选中"火箭"图层，按〈S〉键展开缩放属性，若解除缩放属性的绑定状态，调整左边数值，可以控制图层水平方向（X 轴）缩放大小；调整右边数值，可以控制图层垂直方向（Y 轴）缩放大小。

技巧提示：若缩放属性处于绑定状态，可以实现图层的等比例缩放；若缩放属性处于解绑定状态，可以单独对任意一个轴向进行缩放。除此之外，缩放属性还有镜像功能，若 X 轴或 Y 轴数值为-100.0%，则图层将会以水平或垂直方式镜像翻转。

3．旋转动画

旋转动画是指物体依据其中心点所在位置进行旋转，它可以调整物体在合成中的任意角度。设置旋转动画的方法有以下几种。

● 选中"火箭"图层，展开图层属性，将时间线拖动至 0:00:00:00 处，单击"旋转"前面的码表按钮，设置"旋转"为"2x+90.0°"；然后拖动时间线至其他时间，调整旋转数值，即可完成旋转动画的制作。

● 选中"火箭"图层，按〈R〉键展开旋转属性，用锚点工具调整"火箭"图层中心点，拖动时间线至 0:00:00:00 处，单击"旋转"前面的码表按钮，设置"旋转"为"2x+90.0°"；然后拖动时间线至其他时间，调整旋转数值，即可完成旋转动画的制作，如图 3-22 所示。需要注意的是，旋转属性中，2x 代表旋转圈数为两圈，+90.0°代表物体旋转角度为 90°。

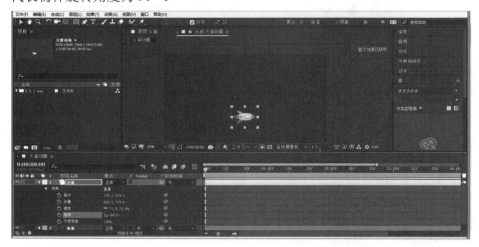

图 3-22

4．透明度动画

"不透明度"属性可以决定图层显示的通透程度，当"不透明度"数值为 100.0%时，图层完全不透明；当"不透明度"数值为 0%时，该图层完全透明。选中"火箭"图层，按〈T〉键展开不透明度属性，设置"不透明度"为 50%，图层即为半透明状态，如图 3-23 所示。透明度动画制作方法同其他基础动画的制作方法相同。

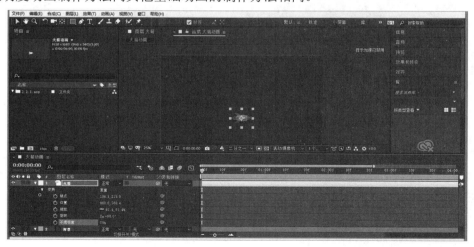

图 3-23

技巧提示：选中"火箭"图层并右击，在弹出的快捷菜单中选择"重置"命令，即可把图层属性值恢复到默认状态，如图 3-24 所示。

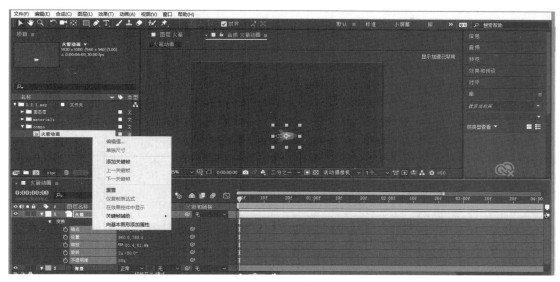

图 3-24

5．技能训练

（1）设置火箭的属性

选中"火箭"图层，将时间线拖动至 0:00:00:00 处，展开"火箭"图层属性，将"旋转"设置为"0x+90.0°"，"缩放"为"50.0，50.0%"，"位置"为"-140.0，884.0"，如图 3-25 所示。

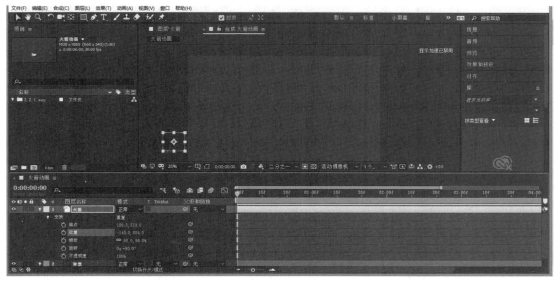

图 3-25

（2）设置关键帧

单击"位置"前的码表按钮 ，设置关键帧，即可记录当前时间线所在位置的所有信息。将时间线拖动至 0:00:00:00 处，单击"位置"前的码表按钮，设置关键帧。将时间线拖动至 0:00:04:00 处，设置"位置"为"2056.0，936.0"，即可生成位置（位移）运动的路径，如图 3-26 所示。

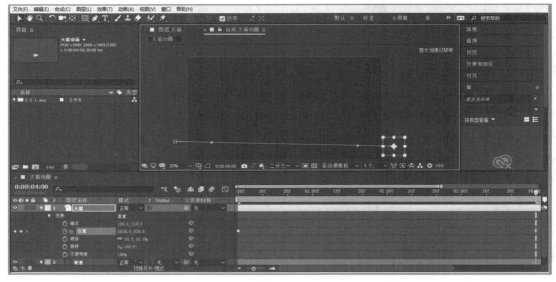

图 3-26

（3）制作自动定向动画

将时间线拖动到 0:00:02:00 处，设置"位置"为"960.0，362.0"，如图 3-27 所示。再通过控制手柄来调整运动路径，如图 3-28 所示。选中"火箭"图层，执行"图层"→"变换"→"自动定向"菜单命令（快捷键〈Ctrl+Alt+O〉），如图 3-29 所示，在弹出的"自动方向"对话框中选择"沿路径定向"单选按钮，如图 3-30 所示。再单击"确定"按钮，即可让"火箭"沿着路径方向运动。

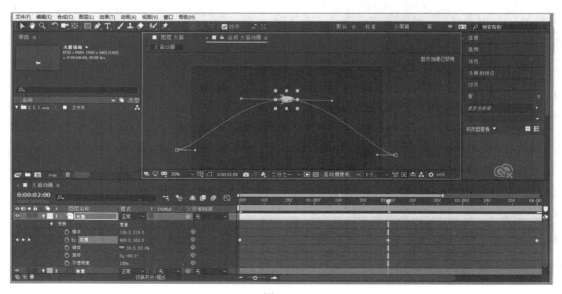

图 3-27

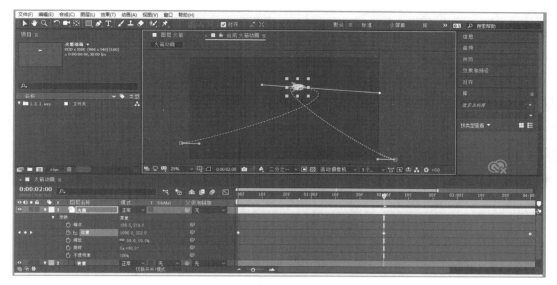

图 3-28

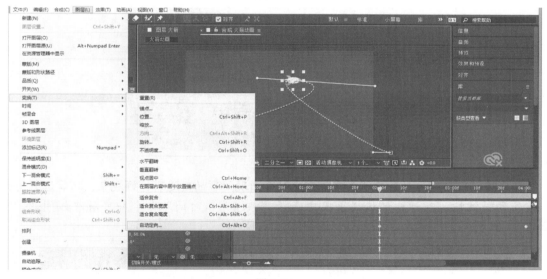

图 3-29

图 3-30

（4）使用关键帧辅助功能

当前火箭动画是匀速飞行动画，运动过于生硬，使用关键帧辅助功能，可以使动画过渡更加柔和。选中"火箭"图层的全部关键帧，如图 3-31 所示；右击选中的关键帧，在弹出的快捷菜单中选择"关键帧辅助"→"缓动"命令（快捷键〈F9〉），如图 3-32 所示。

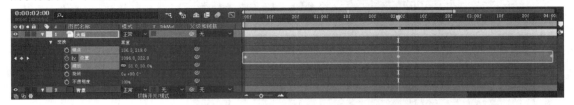

图 3-31

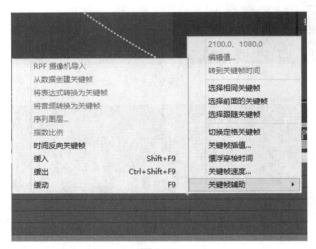

图 3-32

技巧提示：火箭运动到路径曲线最高点时会出现短暂的延迟和停顿现象，只需选择并右击该处的关键帧，在弹出的快捷菜单中选择"漂浮穿梭时间"命令即可解决该问题，如图 3-33 所示。

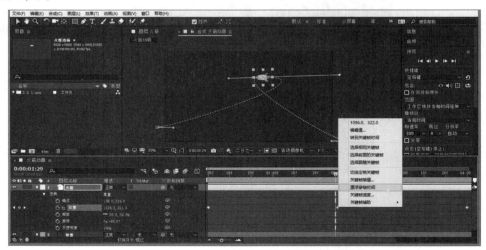

图 3-33

（5）制作火箭的透明度动画

选中"火箭"图层，将时间线拖动至 0:00:00:00 处，展开图层属性，单击"不透明度"前的码表按钮，设置"不透明度"为 0%，如图 3-34 所示。再把时间线拖动至 0:00:01:10 处，设置"不透明度"为 100%，如图 3-35 所示，即可完成透明度动画制作。

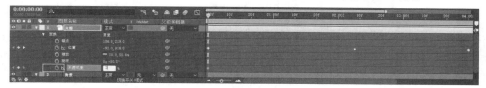

图 3-34

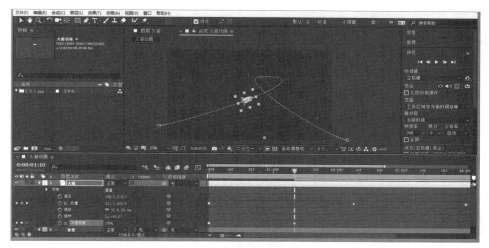

图 3-35

（6）制作火箭的缩放动画

将时间线拖动至 0:00:03:00 处，单击"缩放"前的码表按钮，设置"缩放"为"50.0，50.0%"，如图 3-36 所示。再将时间线拖动至 0:00:04:00 处，设置"缩放"为"160.0，160.0%"，如图 3-37 所示。

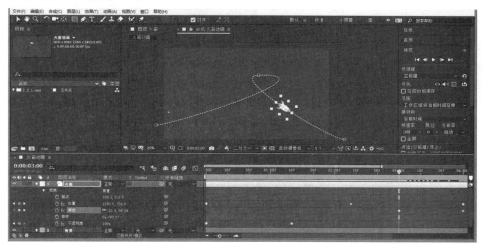

图 3-36

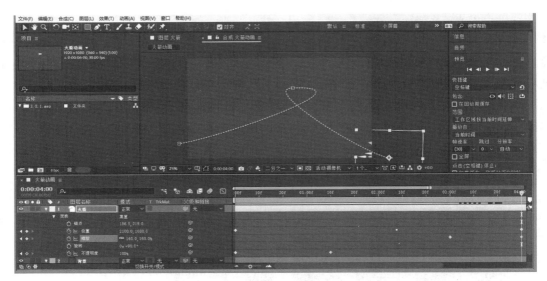

图 3-37

（7）制作烟雾动画

1）在时间线面板空白区域右击，在弹出的快捷菜单中选择"新建"→"纯色"命令，如图 3-38 所示；弹出"纯色设置"对话框，设置"名称"为"烟雾"，"宽度"为 1920px，"高度"为 1080px，"颜色"为#FFFFFF，单击"确定"按钮，图 3-39 所示。

图 3-38

2）选中"烟雾"图层，在效果和预设面板中搜索并拖动"CC Mr. Mercury"（水银效果）特效至"烟雾"图层上，如图 3-40 所示。

3）进入效果和预设面板，调整"CC Mr. Mercury"（水银效果）参数，将"Radius X"（发射点）设置为 0，"Radius Y"（发射点）设置为 5，即可让水雾集中；"Velocity"（速度）设置为 0，即可让水雾成为直线；"Birth Rate"（生命值）设置为 4，"Gravity"（重力）设置为 0，如图 3-41 所示。

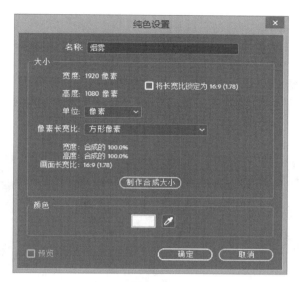

图 3-39

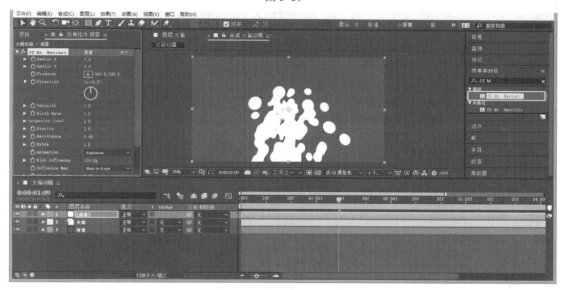

图 3-40

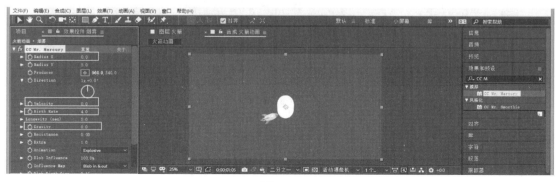

图 3-41

（8）制作烟雾跟随动画

选中"火箭"图层，按〈U〉键显示所有关键帧，选择并复制（快捷键〈Ctrl+C〉）"火箭"图层的所有位置关键帧，将时间线拖动至 0:00:00:00 处；再选择"烟雾"图层，进入效果和预设面板，单击" Producer"（控制点）前的码表按钮，粘贴（快捷键〈Ctrl+V〉）"火箭"图层位置关键帧，即可完成"烟雾"图层动画和"火箭"图层动画的跟随运动，如图 3-42 所示。

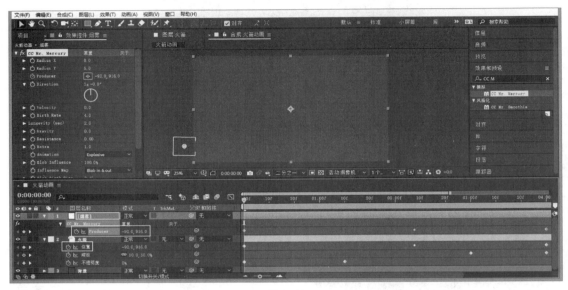

图 3-42

（9）调整图层顺序

选择"火箭"图层，拖动至"烟雾"图层上方，烟雾动画在火箭动画底部，即完成整个火箭动画的制作，如图 3-43 所示。

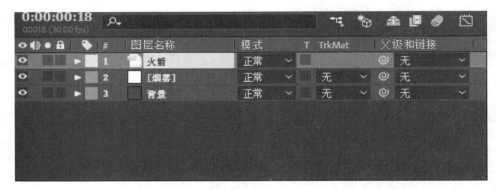

图 3-43

3.1.3　父子关系

父子关系是一种单向的捆绑关系，被捆绑的子物体会继承父物体的所有属性，跟随父物体一起运动。除此之外，子物体还具有自身特有的属性，子物体自身的运动不会影响父物体的运动，也就是说，父子物体之间具有一种牵引关系，父物体是牵引主体，子物体则是被牵引对象。

技能点：创建父子关系的两种方式。

1. 新建合成

1）单击项目面板左下角的"新建合成"按钮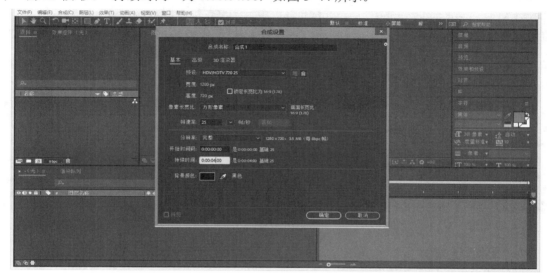，弹出"合成设置"对话框，将"合成名称"设置为"合成 1"，"宽度"为 1280px，"高度"为 720px，"帧速率"为 25 帧/秒，"持续时间"为 0:00:04:00，如图 3-44 所示。

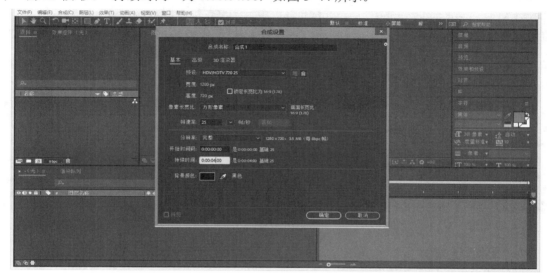

图 3-44

2）选择工具栏中的矩形工具，在"合成 1"面板中拖动画出矩形形状，然后选择工具栏中的锚点工具，将"形状图层 1"的中心点移动至矩形形状中心，如图 3-45 所示。

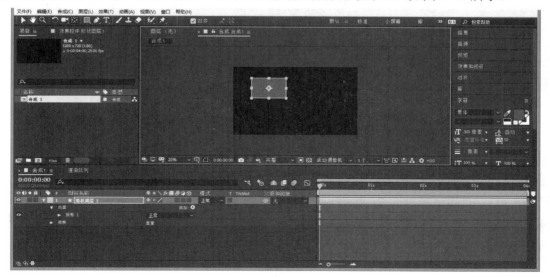

图 3-45

3）选中时间线面板中的"形状图层 1"，按〈Enter〉键，将图层重命名为"父图层"。选择工具面板中的星形工具，在"合成 1"中画出五角星形状，并使用锚点工具把中心点移至形状中心；按〈Enter〉键，将图层重命名为"子图层"，然后将"子图层"拖动到"父图层"下面，如图 3-46 所示。

图 3-46

2．创建父子关系
创建父子关系有如下两种方式。

- 手动链接方式。单击时间线面板中的螺旋线按钮，按住左键不放，将其拖动至父图层，就可以完成父子关系的绑定，如图 3-47 所示。

图 3-47

- 图层选择方式。单击时间线面板中的"父级和链接"下拉列表框，在弹出的下拉列表中选择"1.父图层"，即可完成父子关系的绑定，如图 3-48 所示。

图 3-48

技巧提示：父子图层是单向捆绑关系，父图层运动，子图层肯定会跟随运动，但是子图层运动，父图层则不受其影响。

3．技能训练

（1）导入素材

1）在项目面板空白处双击，弹出"导入文件"对话框，选择"素材文件\第 3 章\3.1\3.1.3\素材\Car 个图层\Car.psd"，在"导入为"下拉列表框中选择"合成-保持图层大小"选项，单击"导入"按钮，如图 3-49 所示。

图 3-49

2）双击项目面板中的"车身/Car"合成，将项目面板中的"车身/Car.psd""后轮/Car.psd""前轮/Car.psd"图层拖动至时间线面板，按〈S〉键展开缩放属性，设置"缩放"为"33.0，33.0%"。然后依次调整图层顺序和位置，使其成为完整状态，如图 3-50 所示。

图 3-50

（2）制作车身位移动画

选择"车身/Car.psd"图层，拖动时间线至 0:00:00:00 处，按〈P〉键展开位置属性，单击"位置"前的码表按钮，设置"位置"为"306.5，619.5"，如图 3-51 所示。将时间线拖动至 0:00:04:00 处，设置"位置"为"1226.5，619.5"，如图 3-52 所示。

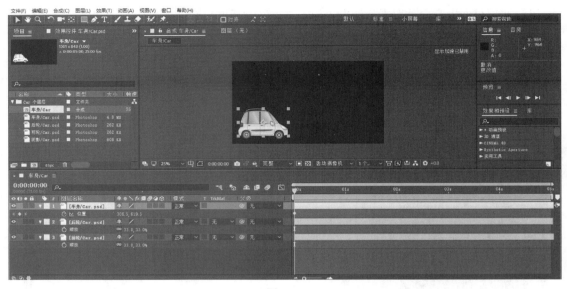

图 3-51

图 3-52

（3）绑定车轮父子关系

分别"后轮/Car.psd"和"前轮/Car.psd"图层中拖动螺旋线按钮至"车身/Car.psd"图层上，完成父子链接绑定，如图 3-53 所示。

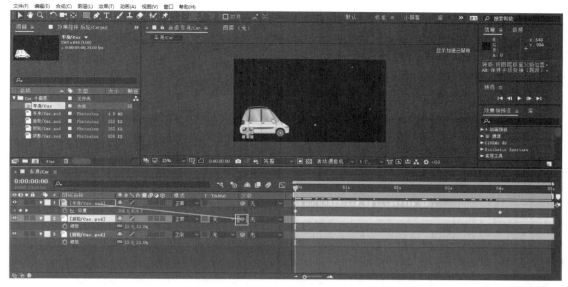

图 3-53

（4）制作车轮旋转动画

选择"后轮/Car.psd"和"前轮/Car.psd"图层，按〈R〉键展开旋转属性，拖动时间线至 0:00:00:00 处，单击"旋转"前的码表按钮，设置"旋转"为"0x+0.0°"；再拖动时间线至 0:00:01:00，设置"旋转"为"20x+0.0°"；拖动时间线至 0:00:02:00，设置"旋转"为"40x+0.0°"；拖动时间线至 0:00:03:00，设置"旋转"为"60x+0.0°"；拖动时间线至 0:00:04:00，设置"旋转"为"80x+0.0°"，即可完成车轮旋转动画，如图 3-54 所示。

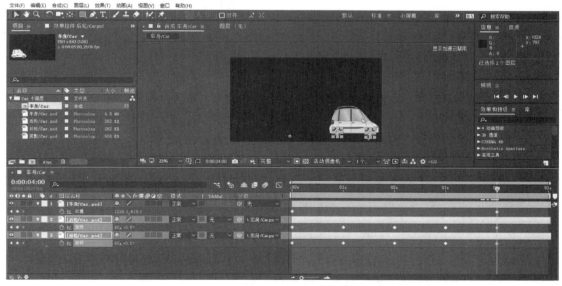

图 3-54

（5）制作动画背景

在时间线面板空白区域右击，在弹出的快捷菜单中选择"新建"→"纯色"命令，弹出

"纯色设置"对话框，设置"颜色"为#FFFC1B，单击"确定"按钮，如图3-55所示。

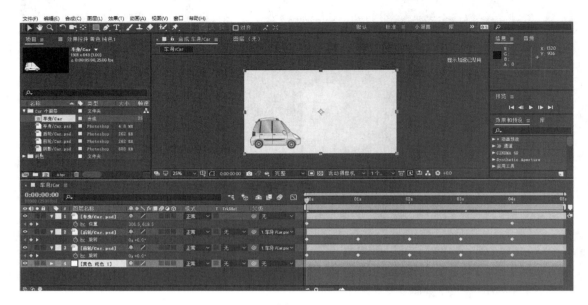

图 3-55

（6）制作汽车阴影动画

将项目面板中的"阴影/Car.psd"拖动到"前轮/Car.psd"下面，按〈S〉键展开图层缩放属性，设置"缩放"为"33.0，33.0%"；按〈T〉键展开不透明度属性，设置"不透明度"为 50.0%，使投影更为真实，如图 3-56 所示。在"阴影/Car.psd"图层中将螺旋线按钮拖动至"车身/Car.psd"图层上，完成父子关系绑定，如图3-57所示。

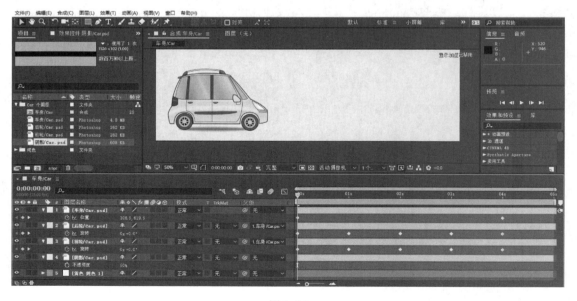

图 3-56

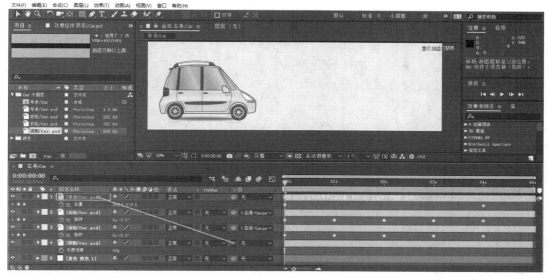

图 3-57

3.2 实训二：影视片头制作

3.2.1 案例概述

本案例主要讲解图层的创建、基本动画的制作、父子关系的绑定等知识内容的综合运用。通过影视片头案例的学习，读者能够熟练地使用之前所学习的技能知识，掌握影视片头动画制作的流程。

3.2.2 思路解析

本案例主要利用 After Effects 中的图层、文字、父子链接、效果和预设等属性制作基本动画效果。首先导入项目素材、创建文字图层等，并为其制作基本关键帧动画，然后对其设置相应的父子关系，添加光效等特效，最后渲染输出视频。

实训二：影视片头
制作 1

3.2.3 案例制作

1. 新建合成

单击项目面板中左下角的"新建合成"按钮，弹出"合成设置"对话框，将"合成名称"设为"合成 1"，"宽度"为 1920px，"高度"为 1080px，"帧速率"为 25 帧/秒，"持续时间"为 0:00:07:00，单击"确定"按钮，如图 3-58所示。

实训二：影视片头
制作 2

2. 创建文字图层

选择工具栏中的文字工具，在"合成 1"面板中输入文字内容"GBQD JACKS"；选中文字，打开"字符"面板，设置字体为 IrisUPC，字体大小为 236px，文字加粗，字体颜色为#978800，无描边，字符间距为 10，如图 3-59 所示。

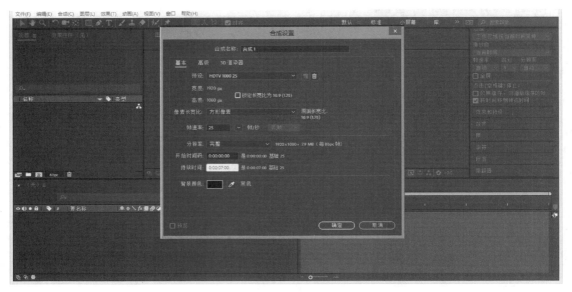

图 3-58

图 3-59

3. 创建文字动画

1）选中"GBQD JACKS"图层，使用工具栏中的锚点工具，将文字中心点调整至文字正下方，如图 3-60 所示。再使用选取工具将文字"GBQD JACKS"移至左下角区域。

2）将时间线拖至 0:00:00:00 处，选择"GBQD JACKS"图层，按〈P〉键展开位置属性，设置"位置"为"-521.4，892.8"，单击"位置"前面的码表按钮，激活关键帧，如图 3-61 所示。再将时间线拖至 0:00:00:05 处，设置"位置"为"549.6，892.8"，如图 3-62 所示。再将时间线拖至 0:00:06:24 处，设置"位置"为"937.6，892.8"，如图 3-63所示，即可完成文字位移动画。

图 3-60

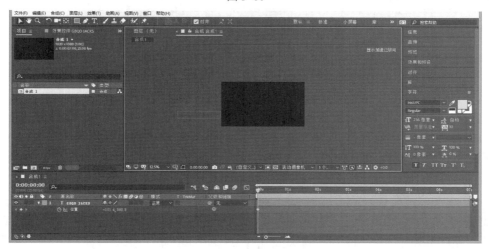

图 3-61

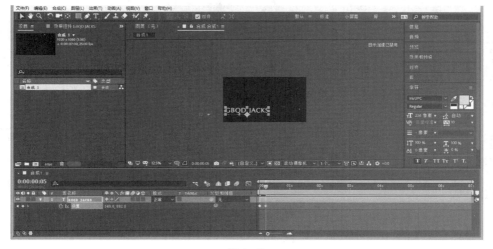

图 3-62

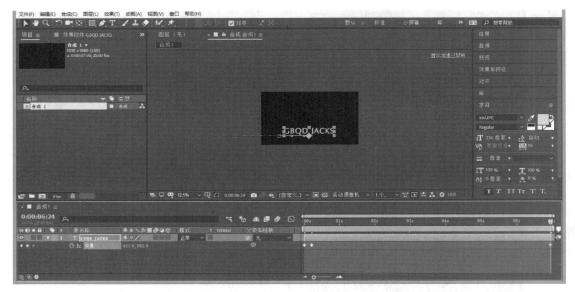

图 3-63

3）创建"A MEIDA COMPAY OF CHINA "图层并制作动画。选中"GBQD JACKS"图层，按〈Ctrl+D〉键复制图层，再按〈Enter〉键将复制的图层重命名为"A MEIDA COMPAY OF CHINA"。按〈U〉键显示该图层的所有关键帧，单击"位置"前的码表按钮
，删除所有关键帧。使用工具栏中的文字工具修改该图层文字为"A MEIDA COMPAY OF CHINA"。打开字符面板，设置文字大小为 65px。使用锚点工具将文字中心点调整至文字正下方，按〈P〉键展开位置属性，设置"位置"为"349.7，693.6"，如图 3-64所示。

图 3-64

4）将时间线拖至 0:00:00:00，选择"A MEIDA COMPAY OF CHINA"图层，按〈P〉键打开位置属性，设置"位置"为"2243.7，725.5"，单击"位置"前面的码表按钮

，激活关键帧，如图 3-65 所示。将时间线拖至 0:00:00:05，设置"位置"为"953.7，725.5"，如图 3-66 所示。将时间线拖至 0:00:06:24，设置"位置"为"537.7，725.5"，如图 3-67 所示。

图 3-65

图 3-66

5）创建"TELEVISON FILM HEAD"图层并制作动画。选中"A MEIDA COMPAY OF CHINA"文字图层，按〈Ctrl+D〉键复制图层，再按〈Enter〉键将复制的图层重命名为"TELEVISON FILM HEAD"。按〈U〉键显示该图层的所有关键帧，单击"位置"前的码表按钮 ，删除所有关键帧。使用工具栏中的文字工具修改该图层文字为"TELEVISON

FILM HEAD"，打开字符面板，设置文字大小为 121px，文字颜色为#FFFFFF，字体为 Italic。使用锚点工具将文字中心点调整至文字正下方，按〈P〉键展开图层位置属性，并设置"位置"为"490.9，138.5"，如图 3-68 所示。

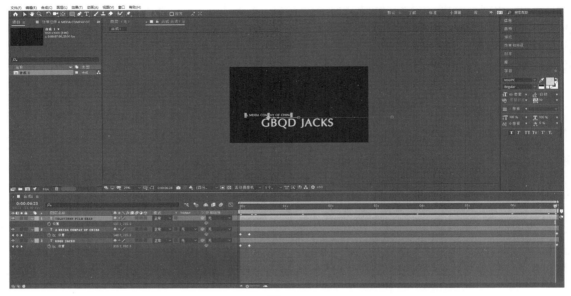

图 3-67

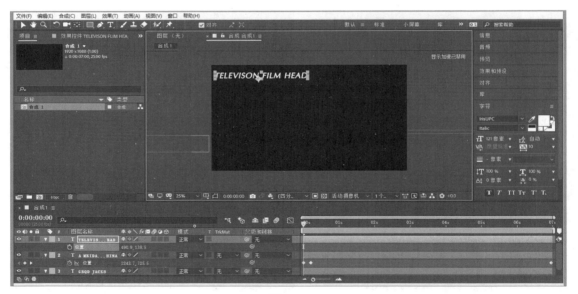

图 3-68

6）将时间线拖至 0:00:00:00，选择"TELEVISON FILM HEAD"图层，按〈P〉键展开位置属性，设置"位置"为"-473.1，138.5"，单击"位置"前面的码表按钮 ，激活关键帧，如图 3-69 所示。将时间线拖至 0:00:00:05，设置"位置"为"464.9，138.5"，如图 3-70 所示。将时间线拖至 0:00:06:24，设置"位置"为"951.9，138.5"，如图 3-71 所示。

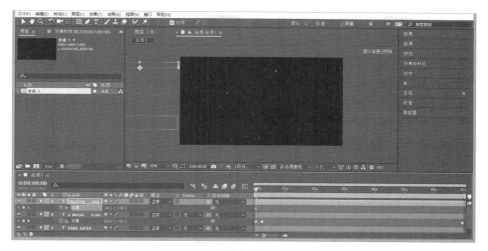

图 3-69

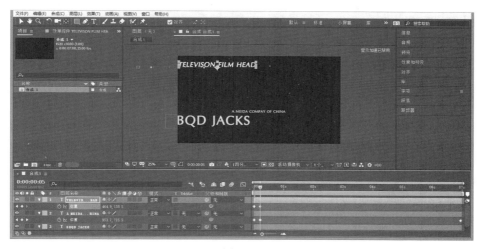

图 3-70

图 3-71

7）创建"AK-47"图层并制作动画。选中"TELEVISON FILM HEAD"文字图层，按〈Ctrl+D〉键复制图层，按〈U〉键显示该图层所有关键帧，单击"位置"前的码表按钮 ，删除所有关键帧。使用工具栏中的文字工具修改该图层文字为"AK-47"。使用锚点工具将文字中心点调整至文字正下方，按〈P〉键展开位置属性，设置"位置"为"696.2，238.5"，如图 3-72 所示。在"AK-47"图层中拖动螺旋线按钮至"TELEVISON FILM HEAD"图层上，完成父子链接绑定，如图 3-73 所示。

图 3-72

图 3-73

4．运动模糊效果

打开时间线面板和各图层的"运动模糊"按钮，如图 3-74 所示。

图 3-74

8）制作运动模糊文字。选中"GBQD JACKS"图层，按〈Ctrl+D〉键复制图层，按〈Enter〉键将其重命名为"GBQD JACKS 模糊"。在效果和预设面板中搜索并拖动"快速模糊（旧版）"特效至"GBQD JACKS 模糊"图层上。进入效果控件面板，设置"模糊度"为136.0，"模糊方向"为"水平"，如图 3-75 所示。

图 3-75

9）分别复制剩余文字图层并分别重命名为"A MEIDA COMPAY OF CHINA 模糊""TELEVISON FILM HEAD 模糊""AK-47 模糊"。由于"GBQD JACKS 模糊"图层中已经设置好"快速模糊（旧版）"参数，只需要在效果控件面板选中该特效，按〈Ctrl+C〉键复制特效，然后选中其余文字图层按〈Ctrl+V〉键粘贴，即可完成模糊效果的设置，如图 3-76所示。

图 3-76

5. 制作背景

在时间线面板空白区域右击，在弹出的快捷菜单中选择"新建"→"纯色"命令，如图 3-77 所示，弹出"纯色设置"对话框，将"名称"设置为"背景"，"宽度"为 1920px，"高度"为 1080px，"颜色"为#000000，单击"确定"按钮，如图 3-78 所示。

图 3-77

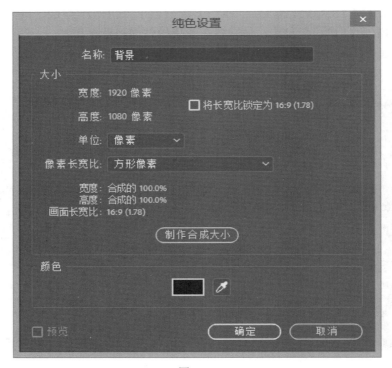

图 3-78

在效果和预设面板中搜索并拖动"梯度渐变"特效至"背景"图层，进入效果控件面板中，设置"渐变起点"为"952.0，-168.0"，"起始颜色"为#3F2100，"渐变终点"为"960.0，1384.0"，"结束颜色"为#231200，"渐变形状"为"径向渐变"，设置完成后将"背景"图层拖动到最底层，如图 3-79 所示。

图 3-79

6．制作光线效果

在时间线面板空白区域右击，在弹出的快捷菜单中选择"新建"→"纯色"命令，弹出"纯色设置"对话框，将"名称"设置为"光源"，单击"确定"按钮。在效果和预设面板中搜索并拖动"镜头光晕"特效到"光源"图层，进入效果控件面板，设置"光晕中心"为"376.0，512.0"，"镜头类型"为"105 毫米定焦"，如图 3-80 所示。

图 3-80

在效果和预设面板中搜索并拖动"色相/饱和度"特效到"光源"图层，进入效果控件面板，选择"色相/饱和度"属性，勾选"彩色化"复选框，设置"着色色相"为"0x+30.0°"，"着色饱和度"为 100，如图 3-81 所示。

图 3-81

在效果和预设面板中搜索并拖动"快速模糊（旧版）"特效到"光源"图层，进入效果控件面板，选择"快速模糊（旧版）"属性，设置"模糊度"为 773.0；"模糊方向"为"水平"，勾选"重复边缘像素"复选框。若觉得光源亮度不够，可按〈Ctrl+D〉键再次复制"光源"图层，以增强亮度，如图 3-82 所示。

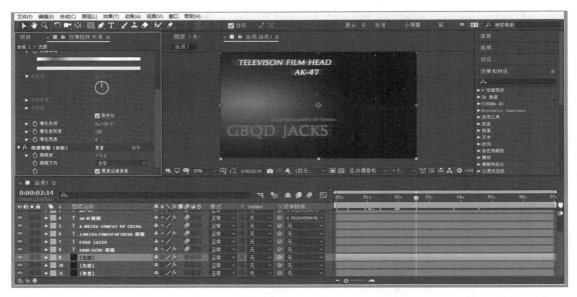

图 3-82

7．整理时间线面板

由于时间线面板中显示图层过多，版面凌乱，可视性差，因此需要对相同类型的图层进行预合成操作，从而形成独立的合成文件。使用选择工具，按住〈Shift〉键选择所有文字图层，如图 3-83 所示。按〈Ctrl+Shift+C〉键，弹出"预合成"对话框，将"新合成名称"设置为"文字图层动画"，选中"将所有属性移动到新合成"单选按钮，如图 3-84 所示，单击"确定"按钮，即可完成文字预合成制作，效果如图 3-85 所示。

图 3-83

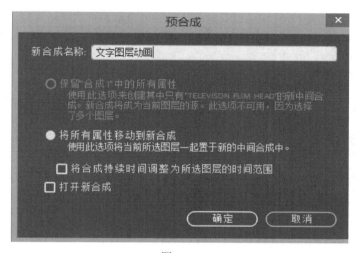

图 3-84

图 3-85

8．图片动画

1）双击项目面板空白处，弹出"导入文件"对话框，选择"素材文件\第 3 章\实训二：影视片头制作"下的"11-Time 2 Die （no toms）.mp3""AK47.gif""人像摄影.jpg"，如图 3-86 所示，单击"导入"按钮即可完成多个素材的导入。

2）将"AK47.gif"拖入"合成 1"的时间线面板，按〈S〉键展开缩放属性，设置"缩放"为"240.4，294.0%"，如图 3-87 所示。在效果和预设面板中搜索并拖动"反转"特效至"AK47.gif"图层，如图 3-88 所示。

图 3-86

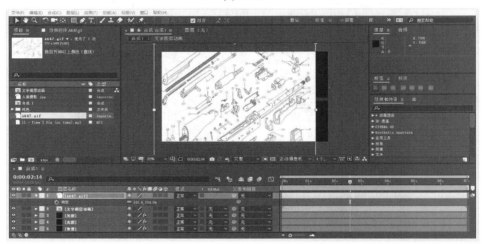

图 3-87

图 3-88

3）在效果和预设面板中搜索并拖动"色调"特效至"AK47.gif"图层，进入效果控件面板，设置"将白色映射到"为#FFAE00。在时间线面板中选中"AK47.gif"图层，在"模式"栏下拉列表框中选择"相加"选项，按〈T〉键展开不透明度属性，设置"不透明度"为25%，使图片与背景融合，如图3-89所示。

图 3-89

4）处理图片右侧区域硬边，使图片同背景过渡更为自然。在效果和预设面板中搜索并拖动"线性擦除"特效至"AK47.gif"图层，进入效果控件面板，设置"过渡完成"为40%，"擦除角度"为"0x+249.0°"，"羽化"为104.0，如图3-90所示。

图 3-90

5）制作"AK47.gif"缩放动画。将时间线拖动至 0:00:00:00 处，选中"AK47.gif"图层，按〈S〉键展开缩放属性，单击"缩放"前的码表按钮，再将时间线拖动至 0:00:07:00 处，设置"缩放"为"310.0，310.0%"，如图 3-91 所示。

图 3-91

6）在项目面板中选择并拖动"人像摄影.jpg"图片至"合成 1"的时间线面板，按〈S〉键展开缩放属性，设置"缩放"为"158.0，158.0%"；在时间线面板中选中"人像摄影.jpg"图层，在"模式"栏下拉列表框中选择"相加"选项，如图 3-92 所示。

图 3-92

7）选中"人像摄影.jpg"图层，拖动时间线至 0:00:00:00 处，按〈P〉键展开位置属性，单击"位置"前的码表按钮，激活关键帧，设置"位置"为"1536.0，544.0"；再拖动时间线至 0:00:07:00 处，设置"位置"为"1220.0，544.0"，如图 3-93 所示。再次拖动时间线至 0:00:00:00 处，按〈T〉键展开不透明度属性，单击"不透明度"前的码表按钮，激活关键帧，设置"不透明度"为 0%；再拖动时间线至 0:00:01:00 处，设置"不透明度"为75%，如图 3-94 所示。

图 3-93

图 3-94

8）在项目面板中选择并拖动"人像摄影.jpg"图片至"合成 1"的时间线面板的顶层，按〈S〉键展开缩放属性，设置"缩放"为"231.0，231.0%"；按〈R〉键展开旋转属性，设置"旋转"为"0x+-180.0°"；按〈A〉键，展开锚点（中心点）属性，设置"锚点"为

"712.1，589.9"。选中顶层的"人像摄影.jpg"图层，在"模式"栏下拉列表框中选择"相加"选项，按〈T〉键展开不透明度属性，设置"不透明度"为29%，如图3-95所示。

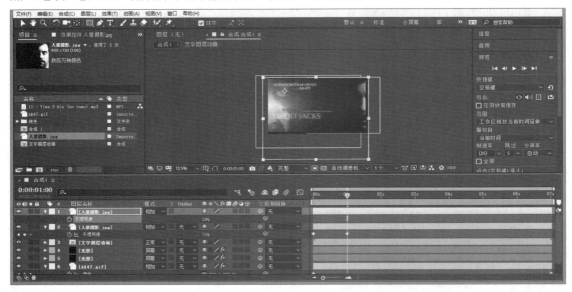

图3-95

9）选中顶部的"人像摄影.jpg"图层，拖动时间线至0:00:00:00处，按〈S〉键展开缩放属性，单击"缩放"前的码表按钮，激活关键帧，再拖动时间线至0:00:07:00处，设置"缩放"为"331.0，331.0%"，如图3-96所示。

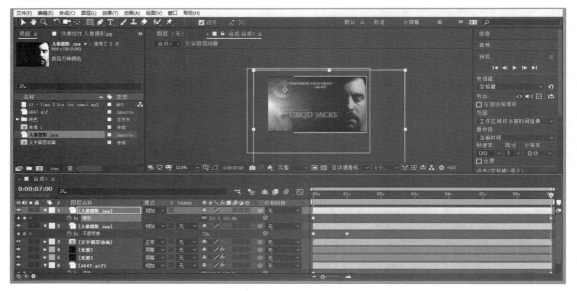

图3-96

10）为顶部的"人像摄影.jpg"图层制作闪烁效果，只需要对图层不透明度制作关键帧动画即可得到效果。具体操作：拖动时间线至0:00:00:00处，按〈T〉键展开不透明度属性，单击"不透明度"前的码表按钮，激活关键帧，设置"不透明度"为0%；再拖动时间线至0:00:01:00

处，设置"不透明度"为50%；再拖动时间线至0:00:01:10处，设置"不透明度"为6%；再拖动时间线至0:00:01:12处，设置"不透明度"为71%；再拖动时间线至0:00:01:14，设置"不透明度"为11%；再拖动时间线至0:00:01:16处，设置"不透明度"为36%，如图3-97所示。

图 3-97

11）选中两个"人像摄影.jpg"图层，将其拖动至"光源"图层下，即可完成本案例制作，如图3-98所示。

图 3-98

9. 合成输出

单击时间线面板左上角的"合成 1"，执行"合成"→"添加到渲染队列"菜单命令（快捷键〈Ctrl+M〉），如图 3-99 所示。打开渲染队列面板，单击"输出模块"选项，弹出"输出模块设置"对话框，设置"格式"为 QuickTime，然后单击"确定"按钮返回渲染队列面板，单击"渲染"按钮，完成视频输出，如图3-100所示。

图 3-99

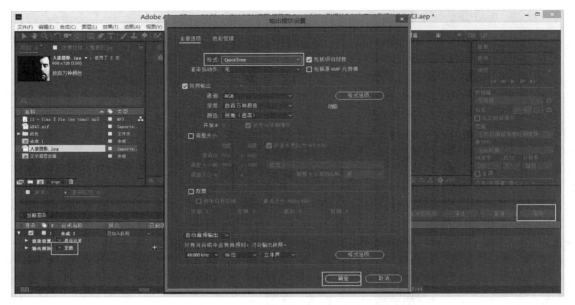

图 3-100

3.2.4　关键技能点总结

通过本案例的学习，能够帮助读者理解图层创建、基本动画、父子关系等知识，熟练掌握基本动画的制作技能，能够制作完整的影视片头。

1. 关键技能点

1）能够完成文字图层动画的制作及效果预设的添加。

2）能够完成纯色图层和形状图层的创建及设置。

3）能够完成移动、旋转、缩放、透明度等基本动画的制作及快捷命令。

4）能够完成图层父子关系的创建及运用。

2. 实际应用

完成影视片头的制作。

3.3　高级动画

3.3.1　动画关键帧

关键帧是制作动画的重要构成元素，是动作的极限值，不同类型的关键帧所产生的动画各不相同。

技能点：熟悉关键帧的类型及转换方法。

1. 关键帧位移动画

1）打开本书配套工程文件"素材文件\第 3 章\3.3\3.3.1.aep"，双击项目面板中的"合成 1"，使用选取工具选中时间线面板的所有图层，按

关键帧及动画
曲线编辑器

〈P〉键展开所有图层的位置属性，拖动时间线至 0:00:00:00 处，设置"常规关键帧"图层的"位置"为"116.0，148.0"，设置"缓动关键帧"图层的"位置"为"116.0，316.0"，设置"缓入关键帧"图层的"位置"为"116.0，476.0"，设置"缓出关键帧"图层的"位置"为"116.0，628.0"，如图 3-101 所示。

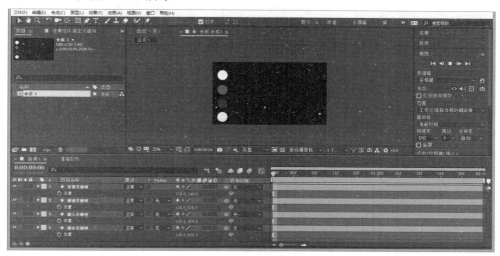

图 3-101

2）单击各图层"位置"前的码表按钮，激活关键帧，将时间线拖动至 0:00:01:00 处，设置"常规关键帧"图层的"位置"为"1043.0，148.0"，设置"缓动关键帧"图层的"位置"为"1043.0，316.0"，设置"缓入关键帧"图层的"位置"为"1043.0，476.0"，设置"缓出关键帧"图层的"位置"为"1043.0，628.0"，如图 3-102 所示。

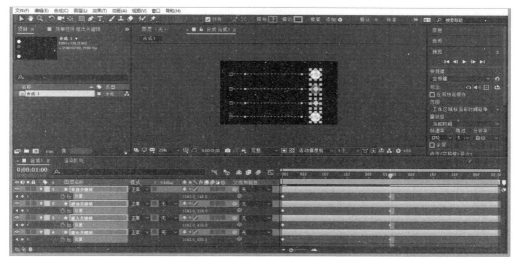

图 3-102

2．关键帧的类型

（1）常规关键帧

"常规关键帧"是制作动画时默认的方式，它的特点是物体处于匀速运动状态，关键帧

标记为 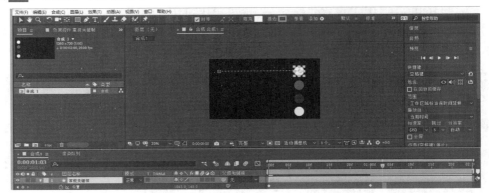，如图 3-103 所示。

图 3-103

（2）缓动关键帧

"缓动关键帧"能够使动画处于平滑运动的状态，其运动特点是在起始位置时动画速度较慢，到达中间位置时速度较快，动画结束时速度较慢，关键帧标记为 ，如图 3-104 所示。选中关键帧，选择"动画"→"关键帧辅助"→"缓动"菜单命令（快捷键〈F9〉），即可将关键帧调整为缓动关键帧，如图 3-105 所示。

图 3-104

图 3-105

（3）缓入关键帧

"缓入关键帧"动画起始时运动是匀速的，运动结束时处于减速状态，形成一种匀速到减速的过程动画，关键帧标记为 。选中关键帧，执行"动画"→"关键帧辅助"→"缓入"菜单命令（快捷键〈Shift+F9〉），如图 3-106 所示，即可将关键帧调整为缓入关键帧。

图 3-106

（4）缓出关键帧

"缓出关键帧"动画起始时运动较快，结束时运动处于匀速状态，其运动特点是一种快速到匀速的过程动画，关键帧标记为 ◀。选中关键帧，执行"动画"→"关键帧辅助"→"缓出"菜单命令（快捷键〈Ctrl+Shift+F9〉），如图 3-107 所示，即可将关键帧调整为缓出关键帧。

图 3-107

3.3.2 动画曲线编辑器

动画曲线编辑器可将动画运用二维坐标方式显示出来，通过调整曲线的形态来形象地表现各种动画效果。本节主要通过讲解小球弹跳动画的制作，介绍编辑值图表和编辑速度图表的使用方法，从而帮助读者理解并掌握动画曲线编辑器的使用。

技能点：掌握曲线编辑器中编辑值图表和编辑速度图表的使用方法。

1．小球基本动画

1）打开 After Effects 软件，单击项目面板左下角的"新建合成"按钮，在弹出的"合成设置"对话框中，将"合成名称"设置为"合成 1"，"宽度"为 1280px，"高度"为 720px，"帧速率"为 25 帧/秒，"持续时间"为 0:00:02:00。在时间线面板空白处右击，在弹出的快捷菜单中选择"新建"→"纯色"命令，弹出"纯色设置"对话框，将"名称"设置为"背景"，"颜色"为#DBEF00。同上所述，再次新建纯色图层，命名为"地面"，"颜色"为#0B4204，如图 3-108 所示，按〈P〉键展开图层位置属性，设置"位置"为"640.0，920.0"。

2）选择工具栏中的椭圆工具，按〈Shift〉键，在"合成 1"面板中拖动绘制正圆形（简称小球），使用锚点工具将中心点位置调整至圆形中心，如图 3-109 所示。将时间线拖动至 0:00:00:00 处，选中"形状图层 1"，按〈P〉键展开图层位置属性，单击"位置"前的码表按钮，激活关键帧，设置"位置"为"-136.0，240.0"；将时间线拖动至 0:00:00:20 处，设置"位置"为"1489.0，240.0"，如图 3-110 所示。

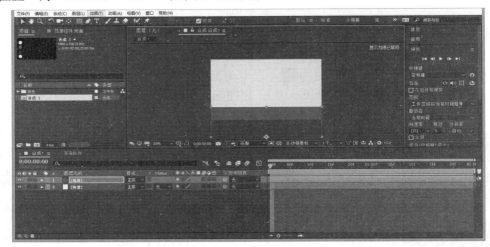

图 3-108

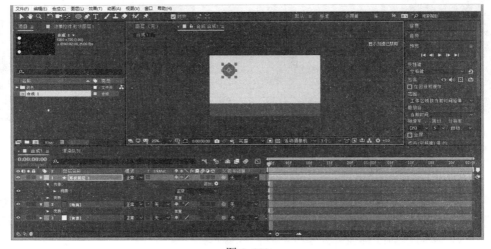

图 3-109

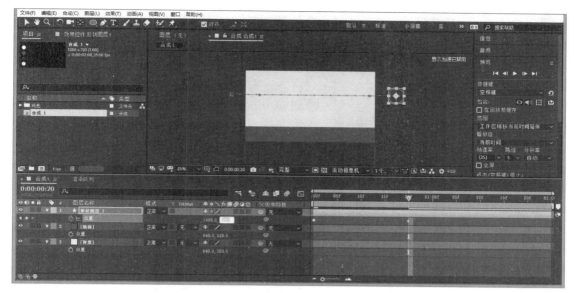

图 3-110

3）将时间线拖动至 0:00:00:10 处,设置"位置"为"640.0,484.0",如图 3-111 所示。按空格键预览小球运动动画,可以发现运动轨迹不符合正常的运动规律,所以需要使用"曲线编辑器"来调整运动轨迹,使动画效果更合理。

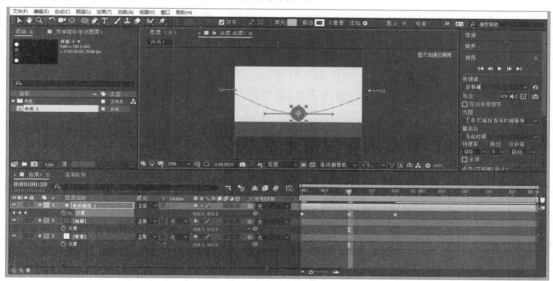

图 3-111

2. 曲线编辑器

（1）开启曲线编辑器

曲线编辑器将动画运用二维坐标的方式显示出来,通过对曲线的形态进行调整而获得更为真实丰富的动画效果。选中"形状图层 1",单击时间线面板中的"曲线编辑器"按钮 ,即可打开曲线编辑器控制面板,按〈U〉键可显示图层的所有关键帧和各属性动画的运动曲线。若在曲线编辑器控制面板中不显示运动曲线,单击属性前面对应的曲线显示开关按钮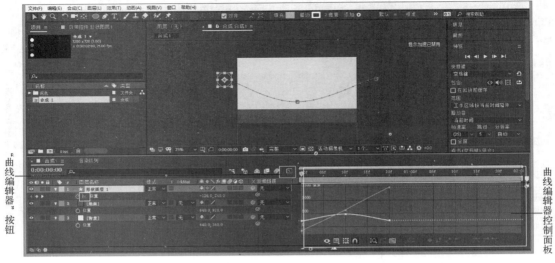，曲线就可以完整显示出来。需要注意的是，在曲线编辑器控制面板中，各属性的运动曲线以不同颜色来标识，方便使用者进行调整，如图3-112所示。

图 3-112

（2）编辑值图表

编辑值图表可以对曲线的运动方式和方向进行调整，从而使动画效果更加自然。一般情况下，各属性水平和垂直方向的运动是捆绑在一起的，不方便单独调整某一方向的运动轨迹，而编辑值图表功能可以将曲线的捆绑进行分离，从而实现单独调整"X位置"和"Y位置"方向的曲线，其中"X位置"代表时间，"Y位置"代表属性的数值。

选择"形状图层 1"中的"位置"并右击，在弹出的快捷菜单中选择"单独尺寸"命令，如图3-113所示，即可将位置属性分离为"X位置"和"Y位置"，图3-114所示。

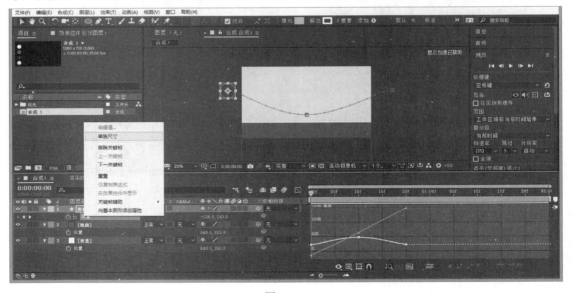

图 3-113

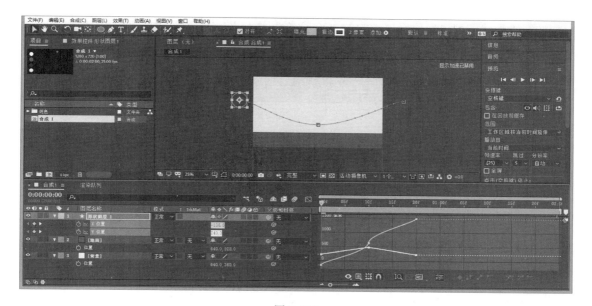

图 3-114

选择"形状图层 1"中的"Y 位置",在曲线编辑器控制面板中拖动并调整绿色曲线,如图 3-115 所示。再次按空格键预览动画,可以发现小球运动到最低点时速度较慢,这就需要调整"X 位置"所在的红色曲线,曲线调整如图 3-116 所示。

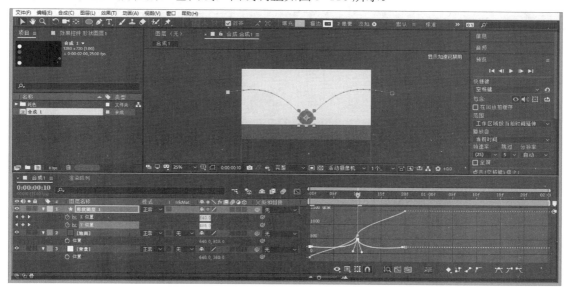

图 3-115

技巧提示:在编辑值图表时,选中曲线,按住〈Alt〉键,可以单独调整曲线的手柄。

(3)编辑速度图表

编辑速度图表是调整场景中物体的运动速率。选中"形状图层 1",单击曲线编辑器控制面板下方的"选择图表类型和选项"按钮 ▦ ,选择"编辑速度图表"选项,如图 3-117 所示。选择"形状图层 1"位置属性中的"X 位置"并右击，在弹出的快捷菜单中勾选"单独尺寸"复选框，即可显示"编辑速度图表"，如图 3-118 所示。

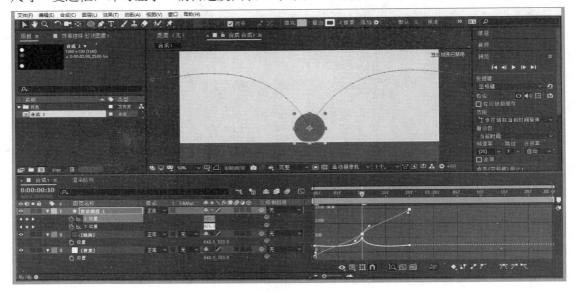

图 3-116

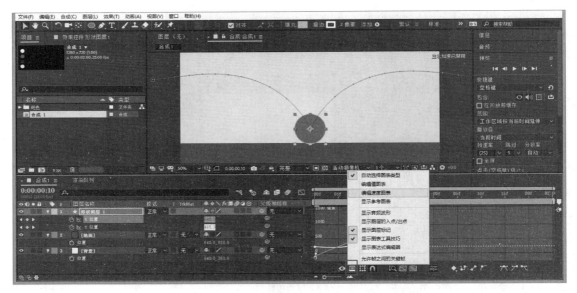

图 3-117

当小球下落至最低点时，由于触碰地面会回弹形成加速运动。将时间线拖动至 0:00:00:10 处，在"合成 1"面板中调整曲线如图 3-119 所示，即可完成加速动画的制作。

选中"形状图层 1"，单击该图层的"运动模糊"按钮和时间线面板中的"运动模糊"按钮，即可产生运动模糊效果，如图 3-120 所示。

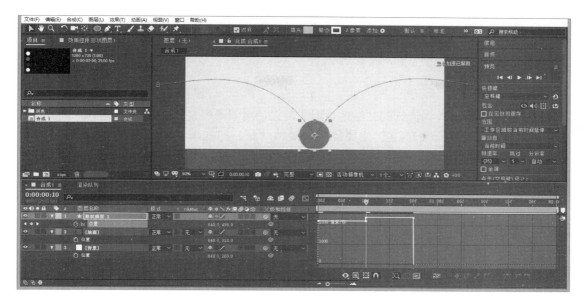

图 3-118

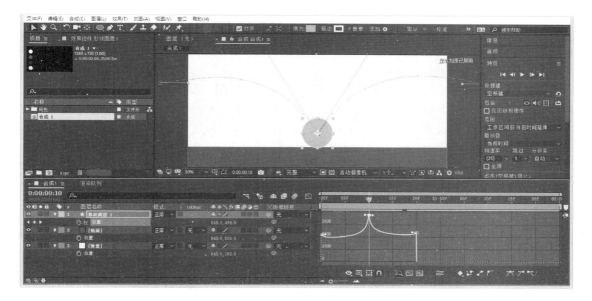

图 3-119

图 3-120

3.4 实训三：MG 动画

3.4.1 案例概述

MG 动画是目前较为流行的二维动画形式，它使用图形等素材来真实表现动画的运动规律。本案例主要使用关键帧动画、曲线编辑器等知识技能来完成龙猫 MG 动画的制作，案例内容包括两个部分，第一部分是龙猫、树木及标牌的基本动画制作；第二部分是龙猫、树木及标牌的弹力动画制作。

实训三：MG 动画 1

实训三：MG 动画 2

3.4.2 思路解析

首先导入和整理素材，新建合成文件。对龙猫素材进行分层，设置关键帧，为其制作基本的关键帧动画。然后打开曲线编辑器，通过调整编辑值图表和编辑速度图表中的曲线，来实现龙猫、树木、标牌的弹力动画。最后为其添加背景素材，完成整个龙猫 MG 动画的制作。

3.4.3 案例制作

1. 新建合成

1）打开 After Effects 软件，执行"文件"→"新建"→"新建项目"菜单命令，如图 3-121 所示。单击项目面板中的"新建合成"按钮，如图 3-122 所示，弹出"合成设置"对话框，设置"合成名称"为"MG 动画"，"宽度"为 1280px，"高度"为 720px，"帧速率"为 25 帧/秒，"持续时间"为 0:00:07:00，单击"确定"按钮，如图 3-123 所示。

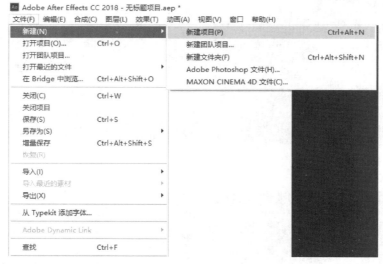

图 3-121

2）双击项目面板，弹出"导入文件"对话框，选择"素材文件\第 3 章\实训三：MG 动画\素材.psd"，在"导入为"下拉列表框中选择"合成-保持图层大小"选项，单击"导入"

按钮，如图 3-124 所示。弹出"素材.psd"对话框，选择"可编辑的图层样式"单选按钮，单击"确定"按钮，如图 3-125 所示。以同样的方式导入背景图片"30e697b5d8b12687aa26c3e9bd83dc46_l.jpg"，在"导入为"下拉列表框中选择"素材"选项，再单击"导入"按钮，如图 3-126 所示。

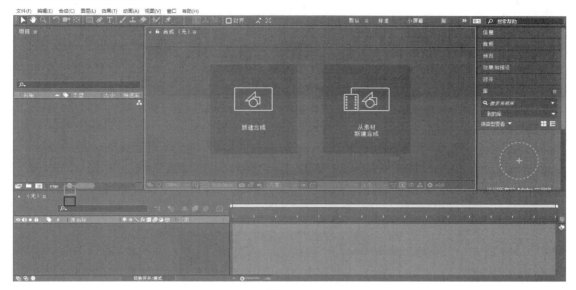

图 3-122

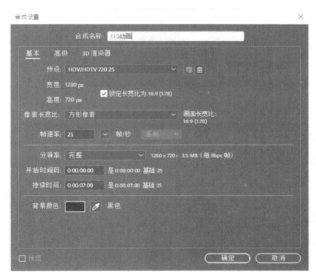

图 3-123

2. 设置预合成

双击项目面板中的"素材"合成。在时间线面板中选择"图层 13 拷贝""图层 21""图层 20""图层 16""图层 17"图层（可按〈Ctrl〉键加选），按〈Ctrl+Shift+C〉键打开"预合成"对话框，将"新合成名称"设置为"路牌树木"，选择"将所有属性移动到新合成"单选按钮，单击"确定"按钮，如图 3-127 所示。

图 3-124

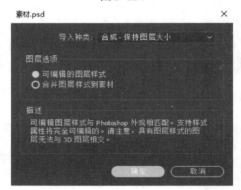

图 3-125

图 3-126

图 3-127

3．制作路牌和树木动画

1）双击项目面板中的"路牌树木"合成，在时间线面板中选中"图层 13 拷贝"图层，单击该图层的"单独显示"按钮⊙，如图 3-128 所示。

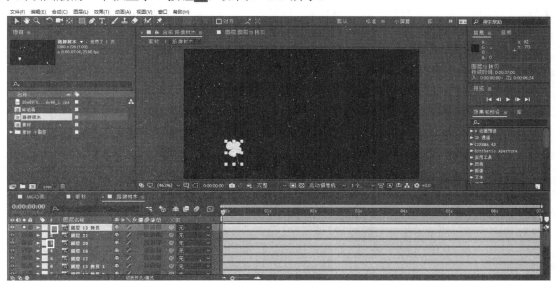

图 3-128

2）选中"图层 13 拷贝"图层，按〈P〉键展开图层位置属性，设置"位置"为"299.5，632.0"，使用锚点工具将图层中心点调整至图层底部位置，如图 3-129 所示。拖动时间线至 0:00:00:00 处，按〈S〉键展开缩放属性，单击"缩放"前的码表按钮激活关键帧，设置"缩放"为"0.0，0.0%"；拖动时间线至 0:00:00:10 处，设置"缩放"为"100.0，100.0%"；拖动时间线至 0:00:00:15 处，设置"缩放"为"80.0，80.0%"；拖动时间线至 0:00:00:20 处，设置"缩放"为"100.0，100.0%"，如图 3-130 所示。选中"图层 13 拷贝"

图层的所有缩放关键帧，执行"动画"→"关键帧辅助"→"缓动"菜单命令，将其调整为缓动关键帧，如图 3-131 所示。

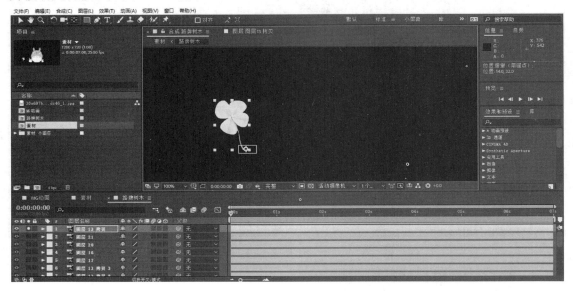

图 3-129

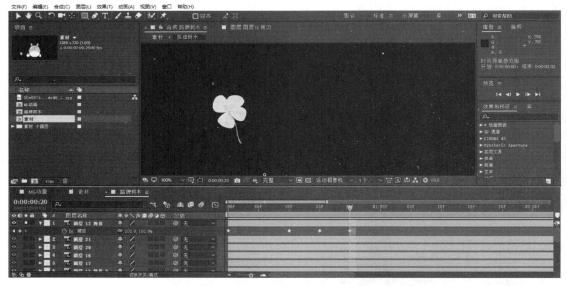

图 3-130

3）选中"图层 21"图层，单击该图层的"单独显示"按钮，按〈P〉键展开图层位置属性，设置"位置"为"300.0，633.5"，使用锚点工具将图层中心点调整至图层底部位置，如图 3-132 所示。拖动时间线至 0:00:00:05 处，按〈S〉键展开缩放属性，单击"缩放"前的码表按钮激活关键帧，设置"缩放"为"0.0，0.0%"；拖动时间线至 0:00:00:15 处，设置"缩放"为"100.0，100.0%"；拖动时间线至 0:00:00:20 处，设置"缩放"为 80.0%；拖动时间线至 0:00:01:00 处，设置"缩放"为"100.0，100.0%"。选中"图层 21"图层的所有缩放关键帧，执行"动画"→"关键帧辅助"→"缓动"菜单命令，将其调整为缓动关键帧，如图 3-131 所示。

图 3-131

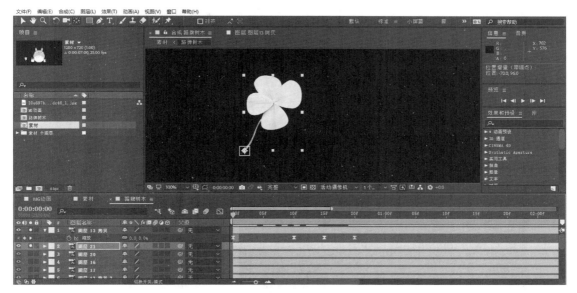

图 3-132

4）同理完成"图层 20"图层动画的制作。单击"单独显示"按钮，调整"位置"为"299.0，624.5"，使用锚点工具将其中心点移至底部，如图 3-134 所示。拖动时间线至 0:00:00:05 处，按〈S〉键展开缩放属性，单击"缩放"前的码表按钮激活关键帧，设置"缩放"为"0.0，0.0%"；拖动时间线至 0:00:00:10 处，设置"缩放"为"100.0，100.0%"；拖动时间线至 0:00:00:15 处，设置"缩放"为"80.0，80.0%"；拖动时间线至 0:00:01:00 处，设置"缩放"为"100.0，100.0%"，如图 3-135 所示。

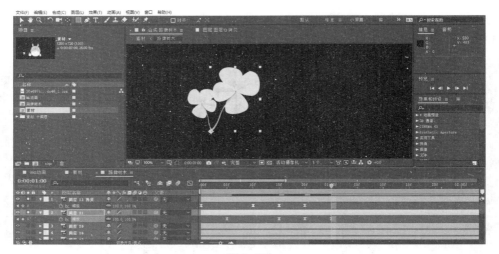

图 3-133

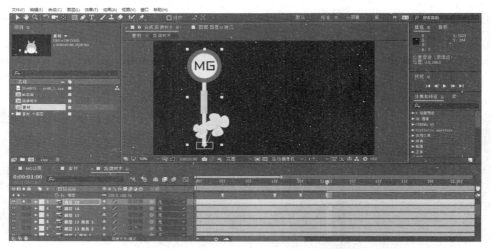

图 3-134

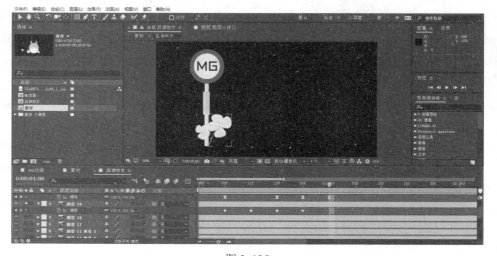

图 3-135

5）同理完成"图层 16"图层的动画制作。单击"单独显示"按钮，调整图层位置数值为"158.0，625.0"。使用锚点工具将其中心点移至底部，如图 3-136 所示。拖动时间线至 0:00:00:02，按〈S〉键展开缩放属性，单击"缩放"前的码表按钮激活关键帧，设置"缩放"为"0.0，0.0%"；拖动时间线至 0:00:00:07 处，设置"缩放"为"100.0，100.0%"；拖动时间线至 0:00:00:11 处，设置"缩放"为"80.0，80.0%"；拖动时间线至 0:00:00:15 处，设置"缩放"为"100.0，100.0%"，如图 3-137 所示。

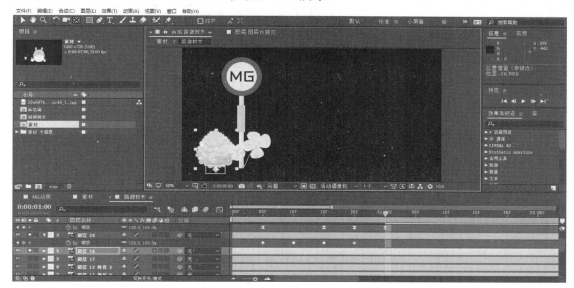

图 3-136

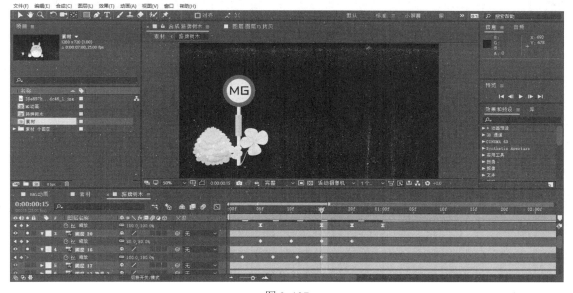

图 3-137

6）同理完成"图层 17"图层的动画制作。单击"单独显示"按钮，设置"位置"为"317.5，624.5"。使用锚点工具将其中心点移至底部，如图 3-138 所示。拖动时间线至

0:00:00:15，按〈S〉键展开缩放属性，单击"缩放"前的码表按钮激活关键帧，设置"缩放"为"0.0，0.0%"；拖动时间线至 0:00:00:20 处，设置"缩放"为"100.0，100.0%"；拖动时间线至 0:00:01:00 处，设置"缩放"为"80.0，80.0%"；拖动时间线至 0:00:01:05 处，设置"缩放"为 100.0%。选中"图层 17"图层的所有缩放关键帧，执行"动画"→"关键帧辅助"→"缓动"菜单命令，将其调整为缓动关键帧，如图 3-139 所示。

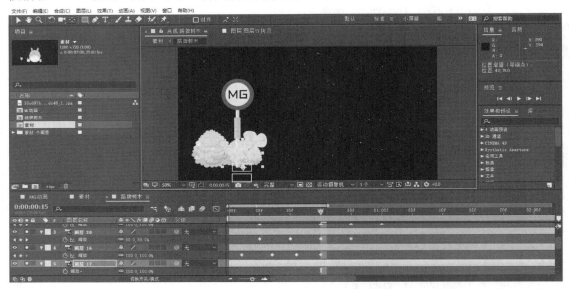

图 3-138

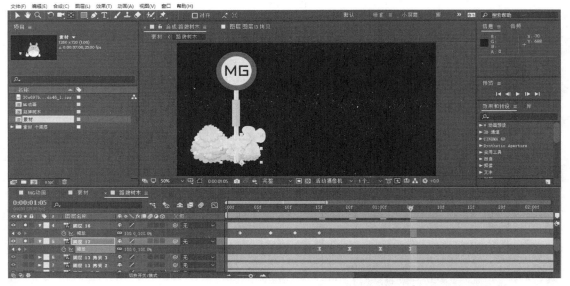

图 3-139

7）同理完成"图层 13 拷贝 3"图层的动画制作。单击"单独显示"按钮，设置"位置"为"1032.5，629.0"。使用锚点工具将其中心点移至底部，如图 3-140 所示。拖动时间线至 0:00:00:05 处，按〈S〉键展开缩放属性，单击"缩放"前的码表按钮激活关键帧，设置"缩放"为"0.0，0.0%"；拖动时间线至 0:00:00:10 处，设置"缩放"为"100.0，100.0%"；拖动时间线至 0:00:00:15 处，设置"缩放"为"80.0，80.0%"；拖动时间线至 0:00:00:20 处，设置"缩放"为"100.0，100.0%"，如图 3-140 所示。

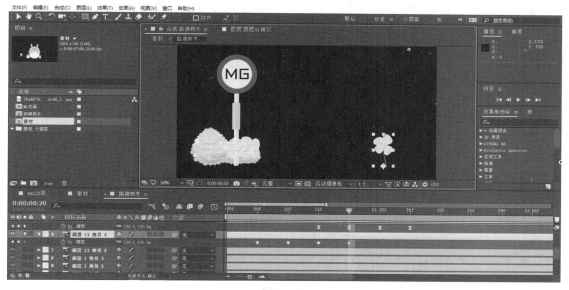

图 3-140

8）选中"图层 13 拷贝 2"至"图层 2 拷贝"间的全部图层，按〈P〉键展开位置属性，依次设置其"位置"为"829.0，613.0""1156.5，626.5""1004.0，624.0""905.0，611.5"，如图 3-141 所示，使用锚点工具将各图层中心点调整到图层底部。

图 3-141

9）选中"图层 13 拷贝 2"至"图层 2 拷贝"间的全部图层，按〈S〉键展开缩放属性，制作各图层的缩放动画，拖动时间线至 0:00:00:04 处，设置"缩放"为"100.0，

100.0%";拖动时间线至 0:00:00:15 处,设置"缩放"为"80.0,80.0%";拖动时间线至 0:00:00:20 处,设置"缩放"为"100.0,100.0%",如图 3-142 所示。

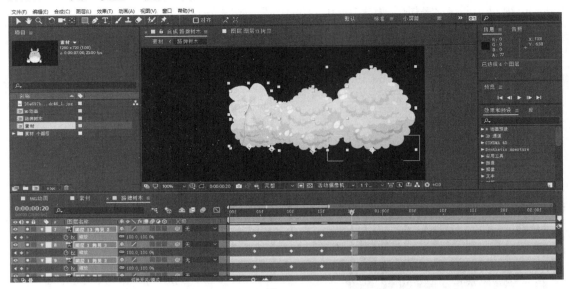

图 3-142

10)随机拖动"图层 13 拷贝 2"至"图层 2 拷贝"图层的位置,使动画具有错落的层次感,这样树木和路牌的动画是随机产生的。选中"图层 13 拷贝 2"至"图层 2 拷贝"图层中的所有缩放关键帧,执行"动画"→"关键帧辅助"→"缓动"菜单命令,将其调整为缓动关键帧,如图 3-143 所示。

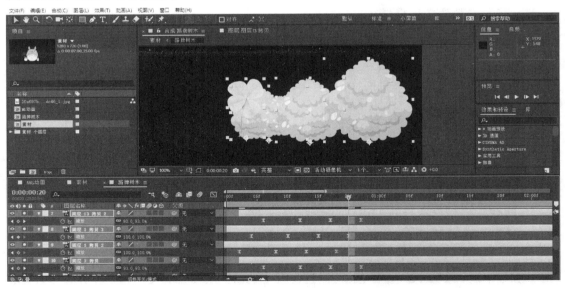

图 3-143

11)单击合成面板中的"透明显示"按钮 ▦ ,合成背景即以透明方式显示。选中"图层 13 拷贝 2"至"图层 2 拷贝"间的图层,如图 3-144 所示。按〈Ctrl+Shift+C〉键打开"预合成"对话框，将"新合成名称"设置为"树木辅助物体"，选择"将所有属性移动到新合成"单选按钮，如图 3-145 所示，然后单击"确定"按钮，即可新建名为树木辅助物体的新合成，如图 3-146 所示。

图 3-144

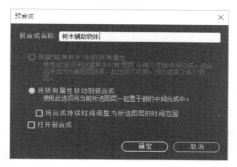

图 3-145

图 3-146

12）使用工具栏中的选择工具选中"图层 22 拷贝 2"至"图层 22"间的所有图层，按〈Ctrl+Shift+C〉键打开"预合成"对话框，将"新合成名称"设为"投影"，选择"将所有属性移动到新合成"单选按钮，如图 3-147 所示，然后单击"确定"按钮。

图 3-147

13）双击项目面板中的"投影"合成，在时间线面板中选中"图层 22 拷贝 2"至"图层 22"间的所有图层，拖动时间线至 0:00:00:05 处，按〈S〉键展开图层缩放属性，单击"缩放"前的码表按钮激活关键帧，设置"缩放"为"0.0，0.0%"；拖动时间线至 0:00:00:20 处，设置"缩放"为"100.0，100.0%"，如图 3-148 所示。

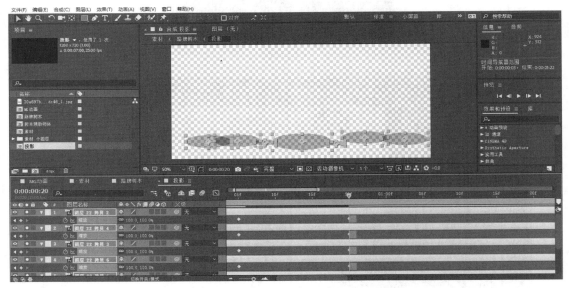

图 3-148

4. 制作龙猫动画

1）双击项目面板中的"素材"合成，进入时间线面板，选中"大龙猫"合成，使用锚点工具将其中心点调整至正下方位置，如图 3-149 所示。

图 3-149

2）双击时间线面板中的"大龙猫"合成，进入合成，依次将图层从上到下重命名为"左眼""右眼""左耳""右耳""组 1"，如图 3-150 所示。

图 3-150

3）使用工具栏中的选择工具选中"左眼"和"右眼"图层，将时间线拖动至 0:00:00:10处，按〈S〉键展开图层缩放属性，并解除缩放约束绑定，单击"缩放"前的码表按钮激活关键帧，设置"缩放"为 100.0%；将时间线拖动至 0:00:00:15 处，设置"缩放"为

"100.0，0.0%"；将时间线拖动至 0:00:00:20 处，设置"缩放"为"100.0，100.0%"；将时间线拖动至 0:00:01:00 处，设置"缩放"为"100.0，0.0%"，如图 3-151 所示。选中"左眼"和"右眼"图层的所有缩放关键帧，按〈Ctrl+C〉键复制关键帧，拖动时间线至 0:00:01:05 处，按〈Ctrl+V〉键粘贴关键帧，即可完成龙猫眨眼动画，如图 3-152 所示。

图 3-151

图 3-152

4）选中"左耳"和"右耳"图层，使用锚点工具将各图层中心点移至图层底部。拖动时间线至 0:00:00:10 处，按〈R〉键展开旋转属性，单击"旋转"前的码表按钮激活关键帧，设置"左耳"图层的"旋转"为"0x+0.0°"，设置"右耳"图层的"旋转"为"0x+0.0°"；拖动时间线至 0:00:00:15，设置"左耳"图层的"旋转"为 0x+18.0°，设置"右

耳"图层的"旋转"为"0x+-25.0°";拖动时间线至 0:00:00:20 处，设置"左耳"图层的
"旋转"为"0x+0.0°"，设置"右耳"图层的"旋转"为"0x+0.0°"，如图 3-153 所示。选
中两个图层的所有旋转关键帧，按〈Ctrl+C〉键复制关键帧，拖动时间线分别至 0:00:01:00、
0:00:01:15 处，按〈Ctrl+V〉键粘贴关键帧，即可完成龙猫耳朵动画，如图 3-152 所示。选
中"左眼""右眼""左耳""右耳"图层的所有关键帧，执行"动画"→"关键帧辅助"→
"缓动"菜单命令，将其调整为缓动关键帧，如图 3-154 所示。

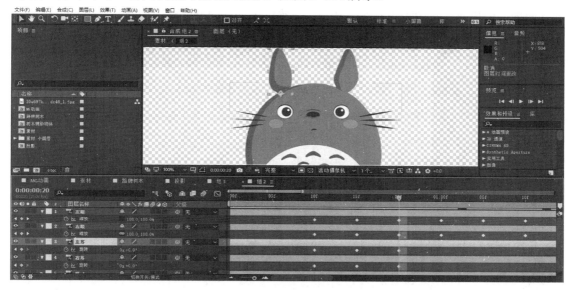

图 3-153

图 3-154

5）双击项目面板中的"蓝色龙猫"合成，进入时间线面板，使用锚点工具将"图层
7"的中心点移至图层下方位置，如图 3-155 所示。拖动时间线至 0:00:00:10 处，选中"图

层 12"和"图层 13",按〈S〉键展开缩放属性,解除缩放约束绑定,单击"缩放"前的码表按钮激活关键帧,设置"缩放"为"100.0, 0.0%";拖动时间线至 0:00:00:15 处,设置"缩放"为"100.0, 100.0%";拖动时间线至 0:00:00:20 处,设置"缩放"为"100.0, 0.0%";拖动时间线至 0:00:01:00 处,设置"缩放"为"100.0, 100.0%",如图 3-156 所示。

选中"图层 12"和"图层 13"中的所有缩放关键帧,按〈Ctrl+C〉键复制关键帧,拖动时间线至 0:00:01:05 处,按〈Ctrl+V〉键粘贴关键帧,即可完成蓝色龙猫眨眼动画,如图 3-157 所示。同理,蓝色龙猫耳朵动画制作方法与大龙猫眨眼动画的制作方法相同。

图 3-155

图 3-156

图 3-157

6）双击项目面板中的"白色龙猫"合成，进入时间线面板，使用锚点工具将"图层6"的中心点移至图层下方位置。拖动时间线至 0:00:00:10 处，选中"图层 14"和"图层15"，按〈S〉键展开缩放属性，解除缩放约束绑定，单击"缩放"前的码表按钮激活关键帧，设置"缩放"为"100.0，100.0%"；拖动时间线至 0:00:00:15 处，设置"缩放"为"0.0，0.0%"；拖动时间线至 0:00:00:20 处，设置"缩放"为"100.0，100.0%"，如图 3-158所示。选中"图层 14"和"图层 15"中的所有缩放关键帧，按〈Ctrl+C〉键复制关键帧，拖动时间线分别至 0:00:01:00、0:00:01:15 处，按〈Ctrl+V〉键粘贴关键帧，即可完成白色龙猫眨眼动画，如图 3-159 所示。同理，白色龙猫耳朵动画制作方法与大龙猫耳朵动画制作方法相同。

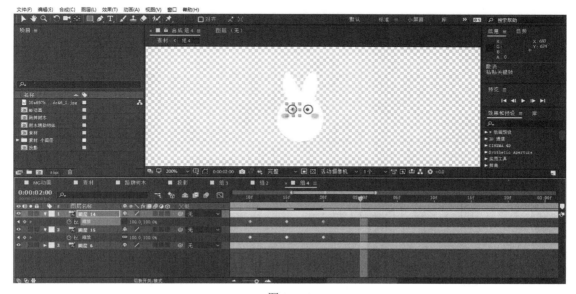

图 3-158

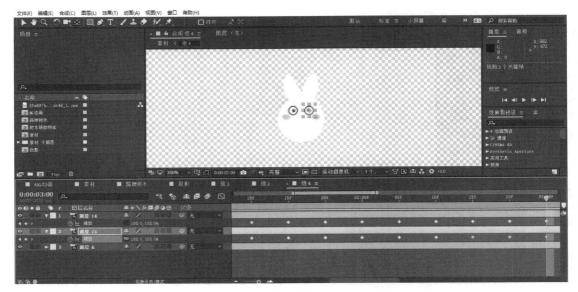

图 3-159

7）双击项目面板中的"素材"合成，进入时间线面板，选中"蓝色龙猫""白色龙猫""大龙猫""路牌树木"合成，按〈P〉键展开合成位置属性，分别设置"位置"为"460.0，632.0""814.0，628.0""654.0，654.0""812.0，640.0"。再次选中"蓝色龙猫""白色龙猫""大龙猫"合成，拖动时间线至 0:00:00:05 处，按〈S〉键展开缩放属性，解除缩放约束绑定，单击"缩放"前的码表按钮激活关键帧，设置"缩放"为"0.0，0.0%"；拖动时间线至0:00:00:10 处，设置"缩放"为"100.0，100.0%"；拖动时间线至 0:00:00:15 处，设置"缩放"为"80.0，80.0%"；拖动时间线至 0:00:00:20 处，设置"缩放"为"100.0，100.0%"。然后选择"蓝色龙猫""白色龙猫""大龙猫"合成中的所有缩放关键帧，执行"动画"→"关键帧辅助"→"缓动"菜单命令，将其调整为缓动关键帧，如图 3-160 所示。

图 3-160

5. 用曲线编辑器调整动画

选中"蓝色龙猫"合成，单击时间线面板中的"曲线编辑器"按钮，在曲线编辑器控制面板中单击"选择图表类型和选项"按钮，在弹出的列表中选择"编辑速度图表"选项，调整速度曲线，如图 3-161 所示。

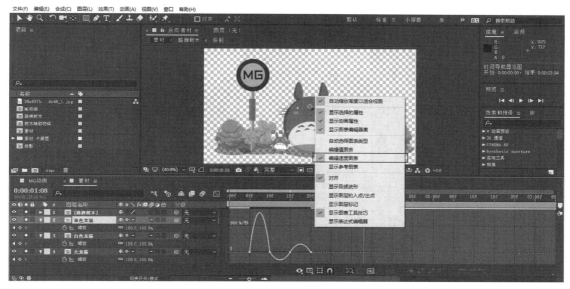

图 3-161

选中"大龙猫"合成，单击时间线面板中的"曲线编辑器"按钮，在曲线编辑器控制面板中单击"选择图表类型和选项"按钮，在弹出的列表中选择"编辑速度图表"选项，调整速度曲线，如图 3-162 所示。其他合成动画若需要调整速度，操作方法同上。

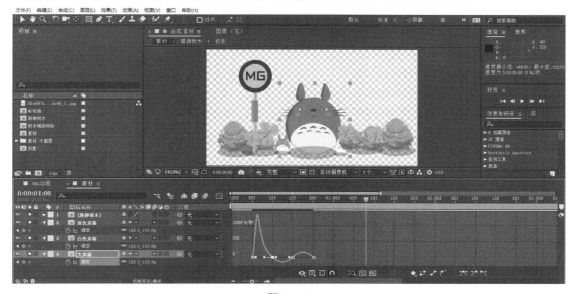

图 3-162

6.制作背景图层

选中项目面板中的"30e697b5d8b12687aa26c3e9bd83dc46_1.jpg"图片,将其拖动至时间线面板中,并置于底层,按〈S〉键展开缩放属性,设置"缩放"为"164.9,154.1%",如图 3-163 所示,即完成整个龙猫 MG 动画制作。

图 3-163

3.4.4 关键技能点总结

通过本案例的学习,能够灵活运用关键帧制作各种类型的动画,掌握曲线编辑器的编辑值图表和编辑速度图表功能的使用方法;能综合运用本节所学技能,完成 MG 动画的制作,从而对 MG 动画的制作流程有更为清晰的认识。

1.关键技能点

1)能够完成关键帧的添加、删除。

2)能够完成关键帧的类型转换及动画制作。

3)能够综合运用曲线编辑器和关键帧制作复杂的 MG 动画。

2.实际应用

完成 MG 动画的制作。

3.5 遮罩动画

3.5.1 遮罩的创建

遮罩也称为"蒙版"或"Mask"。它在 After Effects 软件中具有极为重要的功能,是实现视频合成的重要工具。其原理是使用遮罩工具在所需素材上绘制遮罩来截取需要的区域,被遮罩选中的部分会显现,未被遮罩选中的部分则被隐藏。

技能点：能够完成遮罩的创建。

遮罩工具是创建遮罩的前提，它包括钢笔工具、形状工具等。在同图层内，所添加的遮罩不是唯一的，可以重复创建。具体来说，遮罩创建有两种方式，如下所述。

遮罩的创建和编辑

- 打开本书配套工程文件"素材文件\第 3 章\3.5\3.5.1\3.5.1.aep"，选中时间线面板中的"2.mp4"图层，使用工具栏中的矩形工具或在其下拉列表中选择其他工具，在"合成 2"中拖动绘制矩形，创建遮罩，如图 3-164 所示。

图 3-164

- 选中时间线面板中的"2.mp4"图层，在工具栏中选择钢笔工具，再在"合成 2"中选择所需部分进行绘制，绘制出闭合的图形，即可完成遮罩创建，如图 3-165 所示。

图 3-165

技巧提示：创建遮罩时，必须先选择图层，再在图层上绘制，才能创建成功。若未选择图层，使用形状工具和钢笔工具所绘制的是形状图层，而不是遮罩。

3.5.2　遮罩的编辑

遮罩编辑主要分为"蒙版属性"和"遮罩工具"两部分内容。"蒙版属性"是指遮罩创建完成后，通过对蒙版路径、蒙版羽化、蒙版不透明度、蒙版扩展的设置调整来实现遮罩动画等。遮罩工具则是除形状工具以外的钢笔工具等，能够用来制作出不规则形状的遮罩，有助于更好地制作合成动画。

技能点：遮罩的编辑。

1．蒙版属性

（1）蒙版路径

打开本书配套工程文件"素材文件\第 3 章\3.5\3.5.2\3.5.2.aep"，选择时间线面板中的"2.mp4"图层，展开蒙版属性，选中"蒙版路径"选项，再使用选择工具在"合成 2"中调整遮罩点，即可调整蒙版路径，如图 3-166 所示。

图 3-166

（2）蒙版羽化

"蒙版羽化"是对遮罩边缘进行虚实调整，使素材能够最大化同场景融合。当"蒙版羽化"为 0 像素时，边缘不会出现虚化效果；当"蒙版羽化"增大时，其边缘虚化效果就会越来越明显。选中时间线面板中的"2.mp4"图层，展开蒙版属性，设置"蒙版羽化"为276.0px，如图 3-167 所示。

（3）蒙版不透明度

"蒙版不透明度"是指遮罩的透明程度，同图层的不透明度设置操作相似。当"蒙版不透明度"为 0% 时，遮罩完全透明；当"蒙版不透明度"为 100% 时，遮罩完全不透明，只显示被遮罩遮住的区域。选中时间线面板中的"2.mp4"图层，展开蒙版属性，将"蒙版不透明度"设置为44%，如图3-168所示。

图 3-167

图 3-168

（4）蒙版扩展

"蒙版扩展"是指沿着遮罩边缘区域往外延伸或往内收缩的程度。当"蒙版扩展"为正值时，蒙版往外扩展；当"蒙版扩展"为负值时，蒙版往内收缩。选中时间线面板中的"2.mp4"图层，展开蒙版属性，设置"蒙版扩展"为137.0px，如图3-169所示。

2. 遮罩工具

钢笔工具是可以用来自主绘制各种造型及遮罩形状的工具。在工具栏中，钢笔工具标记

为 ，除此之外，在下拉列表中还有添加顶点工具、删除顶点工具、转换顶点工具和蒙版羽化工具，这些工具能够实现遮罩的精细调整，如图 3-170 所示。

图 3-169

3．技能训练

（1）新建合成

打开 After Effects 软件，在项目面板中单击"新建合成"按钮，弹出"合成设置"对话框，将"合成名称"设置为"2"，"宽度"为 1920px，"高度"为 1080px，"帧速率"为 25 帧/秒，"持续时间"为 0:00:07:00。双击项目面板，弹出"导入文件"对话框选择路径"素材文件\第 3 章\3.5\3.5.2\素材"，分别导入视频素材"2.mp4""3.mp4""3.mp4"，并重命名为"镜头一""镜头二""镜头三"，然后依次将其拖曳至合成"2"的时间线面板中，如图 3-171 所示。

图 3-170

图 3-171

（2）制作遮罩

在时间线面板中选中"镜头二"图层，单击"单独显示"按钮。将时间线拖动至0:00:00:00 处，保持选中"镜头二"图层，使用钢笔工具在"合成 2"中绘制出手部遮罩，展开"镜头二"图层蒙版属性，设置"蒙版羽化"为17.0px，如图 3-172 所示。

图 3-172

"镜头三"图层遮罩制作方式同上，将时间线拖动至 0:00:00:00 处，保持选中"镜头二"图层，使用钢笔工具在"合成 2"中绘制出手部遮罩，展开"镜头三"蒙版属性，设置"蒙版羽化"为29.0px，最后关闭所有图层的"单独显示"，如图 3-173 所示，即可完成遮罩动画的制作。

图 3-173

3.5.3 遮罩关键帧动画

遮罩动画是使用遮罩工具对素材的遮罩进行形状调整，并为其蒙版路径添加关键帧来记录遮罩形状变化的过程，可以获取所需要的遮罩动画效果。本节通过鬼手遮罩动画案例来讲解遮罩关键帧动画的制作方法。

技能点：能够完成遮罩路径调整及关键帧动画的制作。

1．新建合成

打开 After Effects 软件，在项目面板中单击"新建合成"按钮，弹出"合成设置"对话框，将"合成名称"设置为"hand"，"宽度"为 1280px，"高度"为 720px，"帧速率"为 25帧/秒，"持续时间"为 0:00:01:27。双击项目面板，弹出"导入文件"对话框，选中"素材文件\第 3 章\3.5\3.5.3\hand_01874.tga"，在"导入为"下拉列表框中选择"素材"选项，勾选"Targa 序列"复选框，单击"导入"按钮，如图 3-174 所示。在项目面板中将导入的"hand_01874.tga"序列文件重命名为"手"，并将其拖动至"hand"合成的时间线面板。同理导入素材"hand_01874.tga"，在"导入为"下拉列表框中选择"素材"选项，取消勾选"Targa 序列"复选框，单击"导入"按钮，并在项目面板中将其重命名为"背景"，拖动该素材至"hand"合成的时间线面板最底层，如图 3-175 所示。

图 3-174

2．制作遮罩动画

将时间线拖动至 0:00:00:20 处，选中"手"图层，使用钢笔工具在合成"hand"中绘制手部遮罩；展开遮罩属性，单击"蒙版属性"前的码表按钮激活关键帧，如图 3-176 所示。将时间线拖动至 0:00:00:25 处，选择工具栏中的选取工具，对蒙版路径进行调整，使遮罩只显示出手部，如图 3-177 所示。

将时间线分别拖动至 0:00:01:00、0:00:01:10 处，选择工具栏中的选取工具，对蒙版路径进行调整，使其遮罩跟随手部运动，如图 3-178 所示。

图 3-175

图 3-176

图 3-177

图 3-178

　　按空格键预览视频，观察遮罩运动是否遮盖住了手部的运动，若未遮盖住手部的运动，则需要进行细节调整。通过预览发现，0:00:01:00 至 0:00:00:20 之间手部运动细节被遮罩遮住，需要使用选取工具对遮罩的路径进行细微调整，如图 3-179 所示。

图 3-179

3. 遮罩蒙版羽化

　　"蒙版羽化"为 0px，边缘有一条清晰的痕迹，如图 3-180 所示。选中"手"图层，设置"蒙版羽化"为 24.0px，虚化边缘痕迹，如图 3-181 所示。

图 3-180

图 3-181

3.5.4　亮度蒙版

亮度蒙版是以素材的亮度信息为基础，提取其中的黑白信息来制作遮罩，从而完成素材的抠除。在亮度蒙版中，黑色所标示的信息为透明，白色标示的信息为不透明。本节通过换天遮罩动画的制作来讲解亮度蒙版的使用方法。

技能点：亮度蒙版的使用方法。

亮度蒙版和
Alpha 通道蒙版

1．新建合成

打开 After Effects 软件，在项目面板中单击"新建合成"按钮，弹出"合成设置"对话框，将"合成名称"设置为"风景图"，"宽度"为 1280px，"高度"为 720px，"帧速率"为 25 帧/秒，"持续时间"为 0:00:05:01，单击"确定"按钮。在项目面板中双击，弹出"导入素材"对话框，选择"素材文件\第 3 章\3.5\3.5.4"下的"风景图.jpg""天空.jpg"素材，单击"导入"按钮。在项目面板中选择并拖动"风景图.jpg"至"风景图"合成的时间线面板。按〈S〉键展开图层缩放属性，设置"缩放"为"125.0，125.0%"，如图 3-182 所示。

图 3-182

2．创建亮度蒙版

选中"风景图"图层，按〈Ctrl+D〉键复制图层，并对其重命名为"亮度遮罩"，选中该图层并将其拖动至顶层，如图 3-183 所示。

图 3-183

选中"亮度遮罩"图层，在效果和预设面板中搜索并拖动"阈值"特效至图层中，进入效果控件面板，设置"级别"为235，如图3-184所示。

图 3-184

技巧提示：在"亮度蒙版"中，黑色信息即为透明，白色信息即为不透明。使用"阈值"特效，只需要将图层中的黑白信息分离开即可。

选中"风景图"图层，在"轨道遮罩"下拉列表框中选择"亮度反转遮罩'亮度遮罩'"，即可把白色区域隐藏，保留黑色区域，如图3-185所示。但山体部分区域也被清除了，所以需要对其进行填补，使其更加真实地同背景融合。在项目面板中选中"风景图.jpg"，将其拖动至时间线面板最底层，按〈S〉键展开缩放属性，设置"缩放"为"125.0，125.0%"，然后选择钢笔工具，为其添加遮罩，以弥补被清除区域的山体，如图3-186所示。

图 3-185

图 3-186

在项目面板中选中"天空.jpg",将其拖动至"风景图"合成时间线面板的底层,按
〈S〉键展开缩放属性,设置"缩放"为"151.0,151.0%",如图 3-187 所示。按〈P〉键展
开位置属性,设置"位置"为"639.0,360.0"。

图 3-187

3.5.5 Alpha 通道蒙版

Alpha 通道蒙版是指带有透明通道的纯色图层,它以纯色信息为基础来制作遮罩,即具
有透明通道信息的图层,都可以制作 Alpha 通道蒙版。本节通过换天遮罩动画的制作来讲解
Alpha 通道蒙版的使用方法。

技能点： Alpha 通道蒙版的使用方法。

1. 新建合成

打开 After Effects 软件，在项目面板中单击"新建合成"按钮，弹出"合成设置"对话框，将"合成名称"设置为"视频素材"，"宽度"为 1278px，"高度"为 720px，"帧速率"为 25 帧/秒，"持续时间"为 0:00:05:01，单击"确定"按钮。在项目面板中双击，弹出"导入素材"对话框，选中"素材文件\第 3 章\3.5\3.5.5"下的"视频素材.mp4""logo.png"素材，单击"导入"按钮。在项目面板中选中并拖动"视频素材.mp4"和"logo.png"至"视频素材"合成的时间线面板，如图 3-188 所示。

图 3-188

2. 创建 Alpha 通道蒙版

在"视频素材"面板中，在图层"轨道遮罩"下拉列表框中选择"Alpha 遮罩'logo.png'"选项，即可以快速抠出 logo 形状的通道蒙版，如图 3-189 所示。

图 3-189

技巧提示：在"视频素材"图层的"轨道遮罩"下拉列表框中选择"Alpha 反转遮罩logo.png"，即可得到 logo 图形以外的蒙版，如图 3-190 所示。

图 3-190

3. 创建文字 Alpha 通道蒙版

选择工具栏中的文字工具，在"视频素材"合成中输入文字"Alpha"，在字符面板中设置字体为黑体，颜色为#FF0000，大小为 301 像素。在项目面板中选中并拖动视频"视频素材.mp4"至合成的时间线面板，并放置于"Alpha"图层下，在"视频素材.mp4"图层的"轨道遮罩"下拉列表框中选择"Alpha 遮罩'Alpha'"选项，即可完成文字 Alpha 通道蒙版的设置，如图 3-191 所示。

图 3-191

3.6 实训四：汽车变色动画

3.6.1 案例概述

本案例主要讲解遮罩动画的综合运用，通过汽车变色视频宣传动画的学习，帮助读者加深对遮罩的理解和运用。

实训四：汽车
变色动画

3.6.2 思路解析

本案例的制作思路是首先对所需的视频素材进行整理，截取出所需要的片段后，再使用遮罩工具对其进行遮罩的创建，然后为其设置关键帧动画，从而在案例开头部分制作出简单的遮罩动画。制作完基本遮罩动画后，需要使用钢笔工具绘制出所需的车体结构，并为其制作纯色图层，使车身可以在不同颜色间切换，然后将纯色图层的位置同人物动作位置进行匹配，实现汽车变色效果。最后为其配上所需的音效效果，从而完成汽车变色视频宣传动画的案例制作。

3.6.3 案例制作

1. 新建合成

打开 After Effects 软件，执行"文件"→"新建"→"新建项目"菜单命令，如图 3-192 所示。单击项目面板中的"新建合成"按钮，弹出"合成设置"对话框，将"合成名称"设置为"变车"，"宽度"为 1920px，"高度"为 1080px，"帧速率"为 25 帧/秒，"持续时间"为 0:00:25:11。双击项目面板，弹出"导入文件"对话框，选择"素材文件\第 3 章\实训四：汽车变色动画"下的"变车 1.mp4""汽车报警声.mp3"素材，单击"导入"按钮，如图 3-193 所示。在项目面板中选择并拖动"变车 1.mp4"至合成的时间线面板中，如图 3-194 所示。

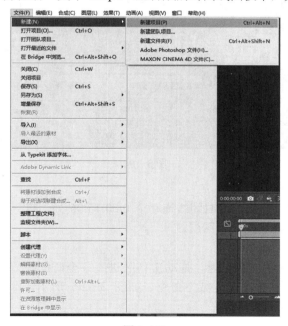

图 3-192

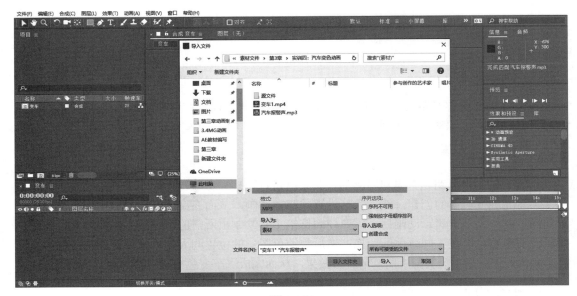

图 3-193

图 3-194

2. 视频剪辑

选择"变车 1.mp4"图层,将时间线拖动至 0:00:15:06 处,按〈Ctrl+Shift+D〉键将视频切开,如图 3-195 所示,删除顶部图层。

3. 修剪工作区域

将时间线定位至 0:00:15:06 处,拖动工作区进度条至时间线处,右击,在弹出的快捷菜单中选择"将合成修剪至工作区域"命令,如图 3-196 所示,即可将整个工作区域修剪至 15 秒 06 帧。

图 3-195

图 3-196

4．制作视频基本遮罩动画

1）选择工具栏中的多边形工具，在"变车 1"合成中绘制多边形，按〈P〉键展开图层位置属性，设置"位置"为"988.0，498.0"。使用锚点工具将多边形中心点移动至物体中心，如图 3-197 所示。将时间线拖动至 0:00:00:00 处，展开多边形属性，单击"点"前的码表按钮激活关键帧，设置"点"为 5.0；将时间线拖动至 0:00:08:01，设置"点"为 25.0，如图 3-198 所示。

2）选中"变车 1"图层，在"轨道遮罩"下拉列表框中选择"Alpha 遮罩'形状图层1'"选项，即可快速为其添加遮罩，如图 3-199 所示。

图 3-197

图 3-198

3）将时间线拖动至 0:00:00:00 处，选择"形状图层 1"，按〈S〉键展开缩放属性，单击"缩放"前的码表按钮激活关键帧，设置"缩放"为"100.0，100.0%"，将时间线拖动至 0:00:07:24 处，设置"缩放"为"551.0，551.0%"，即可完成视频开场的遮罩动画制作，如图 3-200 所示。

5. 制作汽车变色动画

1）选择"变车 1.mp4"图层，按〈Ctrl+D〉键对图层进行复制，将时间线拖动至 0:00:09:17 处，按〈Ctrl+Shift+D〉键将视频切断，并删除 0:00:09:17 前的视频段，如图 3-201 所示。

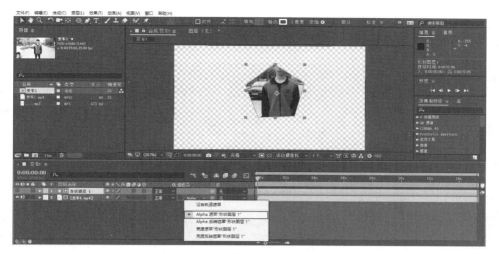

图 3-199

图 3-200

图 3-201

2）选择最顶部的"变车 1.mp4"图层，将时间线拖至 0:00:10:20 处，按〈Ctrl+Shift+D〉键将视频切断，并删除最顶部图层，如图 3-202 所示。

图 3-202

3）在时间线面板中空白处右击，在弹出的快捷菜单中选择"新建"→"纯色"命令，弹出"纯色设置"对话框，设置纯色图层"名称"为"遮罩"，"宽度"为 1920px，"高度"为 1080px，"颜色"为#FF0000，如图 3-203 所示，在该图层的"轨道遮罩"下拉列表框中选择"没有轨道遮罩"选项，如图 3-204 所示，取消该图层的蒙版效果。

图 3-203

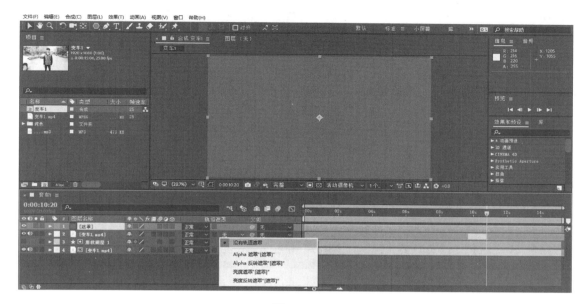

图 3-204

4）选择"遮罩"图层，按〈T〉键展开图层不透明度属性，设置"不透明度"为 46%。选择工具栏中的钢笔工具，对"车身"进行遮罩绘制，同时运用转换点工具对其形状进行编辑调整，使遮罩效果更加精准，如图 3-205 所示。

图 3-205

5）选择"遮罩"图层，再次绘制"车灯""镜子"等部位的遮罩，并展开其遮罩属性，将"蒙版模式"修改为"相加"或"相减"，如图 3-206 所示，从而得到完整的车身遮罩效果。

图 3-206

6．制作汽车变色动画

1）选择"遮罩"图层，按〈T〉键展开图层不透明度属性，设置"不透明"为 100%。将时间线拖动至 0:00:09:17 处，按〈Ctrl+Shift+D〉键切断遮罩图层，并删除 0:00:09:17 前的图层；将时间线拖动至 0:00:10:20，按〈Ctrl+Shift+D〉键切断遮罩图层，并删除 0:00:10:20 后的图层，使其同"变车 1.mp4"视频长度一致。然后选择第二层图层"变车 1.mp4"，在"轨道遮罩"下拉列表框中选择"Alpha 遮罩[遮罩]"，如图 3-207 所示。

图 3-207

2）选择第二层图层"变车 1.mp4"，在效果和预设面板中搜索并拖动"色调"特效至该图层；进入效果控件面板，设置"将白色映射到"为#FF0000，如图 3-208 所示，选择第二层图层，将其命名为"红色"。

图 3-208

3）选中"遮罩"图层和"变车 1.mp4"图层，按〈Ctrl+D〉键进行复制，将复制的"变车 1.mp4"图层重命名为"黄色"，并将时间线拖动至 0:00:10:20 处，如图 3-209 所示；将"黄色"图层前端同时间线对齐，进入"黄色"图层效果控件面板，设置"将白色映射到"为#FFDD00，即可实现人物张开双手时，汽车产生不同颜色变化的效果，如图 3-210所示。

图 3-209

图 3-210

4）同理分别复制两次"遮罩"图层和"黄色"图层，将复制的两层"黄色"图层重命名为"绿色""粉色"。然后将时间线面板分别拖动至 0:00:11:23 处和 0:00:13:00 处，分别将"绿色"和"粉色"图层前端同时间线对齐，分别进入"绿色"和"粉色"图层效果控件面板，分别设置"将白色映射到"为#00F000 和#D100F0，如图 3-211 所示。

图 3-211

5）选中"粉色"图层和"遮罩"图层，按〈Ctrl+D〉键进行复制，并将"粉色"图层重命名为"青色"。拖动时间线至 0:00:14:08，将"青色"图层前端同时间线对齐，进入"青色"图层效果控件面板，设置"将白色映射到"为#07DEF8，如图 3-212所示。

图 3-212

6）选中所有图层，按〈Ctrl+Shift+C〉键，弹出"预合成"对话框，将"新合成名称"设置为"预合成 1"，选择"将所有属性移动到新合成"单选按钮，单击"确定"按钮，如图 3-213 所示。

图 3-213

7）将"汽车警报声.mp3"素材拖动至合成时间线面板最底层，将音频的位置同人物手部张开的位置进行匹配，按〈Ctrl+Shift+D〉键对音频素材进行剪辑，删除多余部分，如图 3-214 所示，即可完成动画制作。

图 3-214

3.6.4 关键技能点总结

通过本案例的学习，读者能够对遮罩知识的有更为清晰的认知，了解在项目制作过程中如何使用遮罩来制作汽车变色动画。

1. 关键技能点

1）能够完成遮罩的创建及编辑。

2）能够掌握遮罩的删除、复制、形状调整。

3）能够掌握遮罩关键帧、遮罩蒙版。

4）能够完成遮罩动画的制作。

2. 实际应用

完成汽车变色遮罩动画的制作。

第4章　色彩调节

令合成的痕迹消失于无形是合成师必备的一项技能，色彩调节是合成中非常重要的环节，能够统一协调影片中的视觉特效。After Effects 是一款强大的合成软件，它包含了一系列色彩调节特效。

学习目标：能够运用"曲线""亮度和对比度""色阶""色彩平衡""色相/饱和度"特效完成视频色彩调节。

4.1　视频逆光修复

在逆光环境下拍摄的视频，其色彩或亮度可能会曝光不充分。为尽可能还原视频原来的色彩信息，可以通过"曲线""色阶""亮度和对比度"等特效来对视频的色彩进行修复。

技能点："曲线"特效、"色阶"特效、"亮度和对比度"特效的使用方法。

视频逆光修复

4.1.1　"曲线"特效的使用方法

1. 添加"曲线"特效

打开 After Effects 软件，执行"合成"→"新建合成"菜单命令，弹出"合成设置"对话框，设置"合成名称"为"调色"，"宽度"为 720px，"高度"为 576px，"帧速率"为 25 帧/秒，"持续时间"为 0:00:06:00，单击"确定"按钮。双击项目面板空白处，弹出"导入文件"对话框，选择"素材文件\第 4 章\4.1\调色.avi"素材，单击"导入"按钮。

在项目面板中，选中"调色.avi"，将其拖动至时间线面板，在效果和预设面板中搜索并拖动"曲线"特效至"调色.avi"图层上，即可在图层中添加"曲线"特效，如图 4-1 所示。

图 4-1

2．设置"曲线"特效的属性

选中"调色.avi"图层，进入效果控件面板，展开"曲线"特效，在"通道"下拉列表中有"RGB""红色""绿色""蓝色"4项内容，详细阐述具体如下。

"RGB"通道控制视频的整体亮度和对比度，其中曲线左下角点调节的是视频的暗部区域，曲线右上角点调节的是视频的亮部区域，曲线中间位置调节视频的灰部区域，如图4-2所示。

图4-2

"红色"通道是单通道，它调节视频中红色区域的颜色。使用工具栏中的选择工具将曲线向上拖动，即可观察出视频中红色区域的颜色饱和度明显增强，如图4-3所示；将曲线向下拖动，即可观察出视频中红色区域的颜色变得比较淡，整体色彩偏向青色，如图4-4所示。

图4-3

图 4-4

  "绿色"通道是单通道，它调节视频中绿色区域的颜色。使用工具栏中的选择工具将曲线向上拖动，即可观察出视频中绿色区域的颜色变得更加艳丽，如图 4-5 所示；将曲线向下拖动，即可观察出视频中绿色区域的颜色变得比较淡，整体色彩偏向紫色，如图 4-6 所示。

图 4-5

  "蓝色"通道是单通道，它调节视频中蓝色区域的颜色。使用工具栏中的选择工具将曲线向上拖动，即可观察出视频中蓝色区域的颜色变得更加艳丽，如图 4-7 所示；将曲线向下拖动，即可观察出视频中蓝色区域的颜色变得比较淡，整体色彩偏向黄色，如图 4-8 所示。

图 4-6

图 4-7

"重置"是指将"曲线 2"还原至初始状态，如图 4-9 所示。

4.1.2 "亮度和对比度"特效的使用方法

1. 添加"亮度和对比度"特效

在项目面板中，选中"调色.avi"素材，将其拖动至时间线面板。在效果和预设面板中搜索并拖动"亮度和对比度"特效至"调色.avi"图层上，即可在图层中添加"亮度和对比度"特效，如图 4-10 所示。

图 4-8

图 4-9

图 4-10

2．设置"亮度和对比度"特效的属性

"亮度"是指视频中所具有的明暗信息。若将亮度滑块向右拖动，视频亮度会逐渐增亮；将亮度滑块向左拖动，视频亮度会逐渐变暗，如图 4-11 所示。

图 4-11

"对比度"是指素材中色彩的鲜艳程度。若将对比度滑块向右拖动，视频色彩对比度会变强，颜色更加鲜艳；将对比度滑块向左拖动，视频色彩对比度会变弱，颜色逐渐变灰，如图 4-12 所示。

图 4-12

4.1.3 "色阶"特效的使用方法

1．添加"色阶"特效

在效果和预设面板中搜索并拖动"色阶"特效至"调色.avi"图层上，即可在图层中添

加"色阶"特效，如图 4-13 所示。

图 4-13

2. 设置"色阶"特效的属性

进入效果控件面板，选中"色阶"特效，展开色阶属性，即可查看详细参数信息，具体说明如下。

"输入黑色"用于调整视频暗部区域的明暗信息。当向左拖动滑块时，暗部区域亮度提高；向右拖动滑块时，暗部区域亮度降低，如图 4-14 所示。

"输入白色"用于调整视频亮部区域的明暗信息。当向左拖动滑块时，亮部区域亮度提高；向右拖动滑块时，亮部区域亮度降低，如图 4-15 所示。

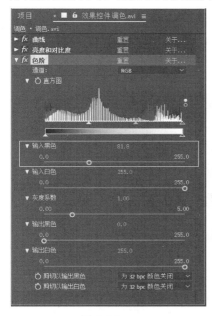

图 4-14

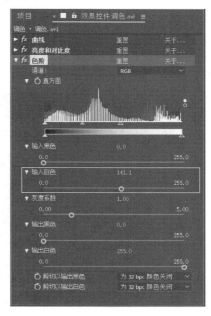

图 4-15

"灰度系数"用于调整视频中间调区域的明暗信息，如图4-16所示。

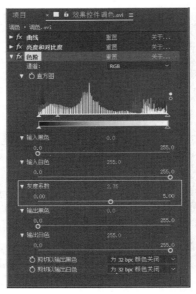

图4-16

3．技能训练

（1）新建合成

打开 After Effects 软件，执行"合成"→"新建合成"菜单命令，弹出"合成设置"对话框，设置"合成名称"为"调色"，"宽度"为720px，"高度"为576px，"帧速率"为25帧/秒，"持续时间"为0:00:06:00，单击"确定"按钮。双击项目面板空白处，弹出"导入文件"对话框，选择"素材文件\第4章\4.1\调色.avi"素材后单击"导入"按钮。

（2）设置"曲线"特效

选中"调色.avi"图层，在效果和预设面板中搜索并拖动"曲线"特效至"调色.avi"图层上，在图层中添加"曲线"特效，如图4-17所示。通道选择"RGB"，使用选取工具将"曲线"特效中的曲线向上拖动，提高视频色彩的亮度，如图4-18所示。

图4-17

图 4-18

（3）设置"亮度和对比度"特效

选中"调色.avi"图层，在效果和预设面板中搜索并拖动"亮度和对比度"特效至"调色.avi"图层上，在图层中添加"亮度和对比度"特效。进入效果控件面板，设置"对比度"为-16，如图 4-19 所示。

图 4-19

（4）添加"色阶"特效

在项目面板中选中素材"调色.avi"，将其拖动至时间线面板。在效果和预设面板中搜索并拖动"色阶"特效至"调色.avi"图层上，如图 4-20 所示，在图层中添加"色阶"特效。

图 4-20

（5）设置"色阶"特效

进入效果控件面板，展开"色阶"特效属性中的"直方图"，设置"输入黑色"为 0.0，"输入白色"为 200.0，"灰度系数"为 0.86，即可还原视频中所丢失的色彩信息，增强视频的层次感，如图 4-21 所示。

图 4-21

技巧提示：在"亮度和对比度"特效中，亮度控制的是素材色彩的明暗细节，对比度控制的是素材色彩的鲜艳程度；"色阶"特效主要是控制素材中黑色区域、白色区域以及灰色区域的明暗信息。

4.2　画面色彩修饰

当所拍摄的视频出现偏色或色彩效果不理想时，可以使用 After Effects 软件对其进行调色。本节主要运用"色相/饱和度"特效来调整视频的色彩细节，并使用"颜色平衡"特效调整视频的色彩基调，从而制作出电影风格的色调效果。

技能点："颜色平衡"特效、"色相/饱和度"特效的使用方法。

4.2.1　"颜色平衡"特效的使用方法

1．添加"颜色平衡"特效

打开 After Effects 软件，选择"合成"→"新建合成"菜单命令，弹出"合成设置"对话框，设置"合成名称"为"源视频"，"宽度"为 720px，"高度"为 576px，"帧速率"为"25 帧/秒"，"持续时间"为 0:00:05:02，单击"确定"按钮。双击"项目"面板空白处，弹出"导入文件"对话框，选择"素材文件\第 4 章\4.2\源视频.mov"素材，单击"导入"按钮。

在项目面板中选中"源视频.mov"素材，将"源视频.mov"拖动至时间线面板。在效果和预设面板中搜索并拖动"颜色平衡"特效至"源视频.mov"图层上，即可在图层中添加"颜色平衡"特效，如图 4-22 所示。

图 4-22

2．设置"颜色平衡"特效的属性

"阴影红色平衡"是用于控制视频暗部区域的色彩平衡。当滑块向左拖动时视频阴影区域偏向青色，如图 4-23 所示。当滑块向右拖动时视频阴影区域偏向红色，如图 4-24 所示。

"阴影绿色平衡"是用于控制视频暗部区域的色彩平衡。当滑块向左拖动时视频阴影区域偏向紫色，如图 4-25 所示。当滑块向右拖动时视频阴影区域偏向绿色，如图 4-26 所示。

图 4-23

图 4-24

图 4-25

图 4-26

　　"阴影蓝色平衡"是用于控制视频暗部区域的色彩平衡。当滑块向左拖动时视频阴影区域偏向黄色,如图 4-27 所示。当滑块向右拖动时视频阴影区域偏向蓝色,如图 4-28所示。

图 4-27

　　"中间调红色平衡"是控制视频灰部区域的色彩平衡。当滑块向左拖动时视频中间调区域偏向青色,如图 4-29 所示。当滑块向右拖动时视频中间调区域偏向红色,如图 4-30所示。

图 4-28

图 4-29

图 4-30

"高光红色平衡"用于控制视频亮部区域的色彩平衡。当滑块向左拖动时视频亮部区域偏向青色，如图 4-31。当滑块向右拖动时视频中间调区域偏向红色，如图 4-32 所示。其他属性功能同中间调绿色和蓝色平衡相似。

图 4-31

图 4-32

4.2.2 "色相/饱和度"特效的使用方法

1. 添加"色相/饱和度"特效

在时间线面板中选择"源视频.mov"图层，在效果和预设面板中搜索并拖动"色相/饱和度"特效至"源视频.mov"图层上，即可在图层中添加"色相/饱和度"特效，如图 4-33

所示。

图 4-33

2. 设置"色相/饱和度"特效的属性

通道控制用于选择特效所应用的颜色通道。其中，主通道主要应用于视频中的所有颜色的调节，如图 4-34 所示；单色通道则用于视频中单个颜色的调节，如图 4-35 中的"红色"单通道所示。

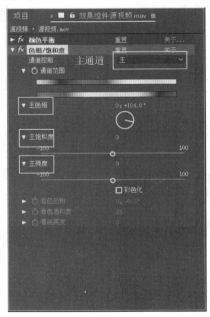

图 4-34

图 4-35

"通道范围"显示颜色映射的谱线，其作用是控制通道范围。在"通道范围"中，上谱线表示视频调节前的颜色，下谱线表示在主通道控制下调节后所获得的颜色，如图 4-36

所示。

"主色相"用于调整视频的主体色调，其取值范围为-180°～+180°。

"主饱和度"用于调整视频的整体饱和度。若向左拖动滑块，则视频整体饱和度降低；若向右拖动滑块，则视频整体饱和度提高，如图4-37所示。

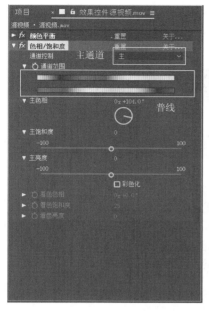

图4-36

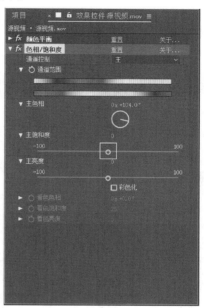

图4-37

"主亮度"用于调整视频的整体亮度。若向左拖动滑块，则视频整体亮度降低；若向右拖动滑块，视频整体亮度提高，如图4-38所示。

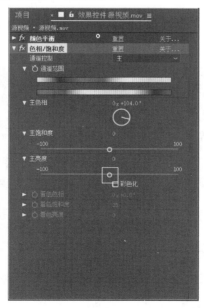

图4-38

3．技能训练

（1）新建合成

打开 After Effects 软件，执行"合成"→"新建合成"菜单命令，弹出"合成设置"对话框，设置"合成名称"为"源视频"，"宽度"为 720px，"高度"为 576px，"帧速率"为 25 帧/秒，"持续时间"为 0:00:05:02，单击"确定"按钮。双击项目面板空白处，弹出"导入文件"对话框，选择"素材文件\第 4 章\4.2\源视频.mov"素材，单击"导入"按钮，在项目面板中选中"源视频.mov"，将其拖动至时间线面板，效果如图 4-39 所示。

图 4-39

（2）设置"颜色平衡"特效

在时间线面板中选中"源视频.mov"图层，将其拖动至时间线面板。在效果和预设面板中搜索并拖动"曲线"特效至"源视频.mov"图层上，在图层中添加"曲线"特效，调整曲线，如图 4-40 所示。

图 4-40

在效果和预设面板中搜索并拖动"颜色平衡"特效至"源视频.mov"图层上，在图层中添加"颜色平衡"特效。进入效果控件面板，设置"中间调蓝色平衡"为-62.0，降低视频蓝色中间调；设置"中间调红色平衡"为 16.0，"中间调绿色平衡"设置为-11.0，降低视频绿色中间调；设置"阴影红色平衡"为 15.0，"阴影绿色平衡"为-12.0，"阴影蓝色平衡"为-78.0，降低阴影的蓝色；设置"高光红色平衡"为 25.0，"高光绿色平衡"为-20.0，"高光蓝色平衡"为-34.0，如图 4-41 所示。

图 4-41

（3）设置"色相/饱和度"特效

在效果和预设面板中搜索并拖动"色相/饱和度"特效至"源视频.mov"图层上，在图层中添加"色相/饱和度"特效。进入效果控件面板，展开"色相/饱和度"特效属性，在"通道控制"下拉列表框中选择"红色"，设置"红色饱和度"为 42.0；选择"黄色"，设置"黄色饱和度"为 22.0；选择"绿色"，设置"绿色饱和度"为-25.0；单击"通道范围"右侧的绿色色块区域，去除视频"源视频.mov"中的绿色信息；在"通道控制"下拉列表框中选择"主"，设置"主饱和度"为-9.0，如图 4-42 所示。

图 4-42

（4）添加视频遮幅

右击时间线面板空白处，在弹出的快捷菜单中选择"新建"→"纯色"命令，弹出"纯色设置"对话框，将"名称"设置为"遮罩"，"宽度"设置为 720pix，"高度"设置为 576pix，如图 4-43 所示。

图 4-43

选择矩形工具，在"源视频"合成中绘制矩形遮罩。展开"遮罩"图层属性，勾选"蒙版 1"中的"反转"复选框，如图 4-44 所示，完成视频遮罩的制作。

图 4-44

4.3 实训五：影视宣传片

4.3.1 案例概述

本案例主要讲解色阶、曲线、亮度和对比度、色相/饱和度等特效的综合运用。通过对本案例的学习，读者能够熟练运用之前所学习的技能知识完成影视宣传片的制作。

实训五：影视
宣传片

4.3.2 思路解析

影视宣传片色彩的调整主要分为三个步骤，第一步是使用"颜色平衡""色阶""曲线"特效进行素材色调和亮度的矫正，第二步是使用"色相饱和度""亮度/对比度""曲线"特效进行素材的细节处理，第三步是使用"调整图层""曲线""遮罩"特效进行素材的暗角压边处理，从而获得影视类色调效果。

4.3.3 案例制作

1. 新建合成

打开 After Effects 软件，选择"合成"→"新建合成"菜单命令，弹出"合成设置"对话框，设置"合成名称"为"B011_C002_1015SN"，"宽度"为 1280px，"高度"为 521px，"帧速率"为 25 帧/秒，"持续时间"为 0:00:02:10，单击"确定"按钮。双击项目面板空白处，弹出"导入文件"对话框，选择"素材文件\第 4 章\实训五：影视宣传片\B011_C002_1015SN.mov"素材，单击"导入"按钮。将"B011_C002_1015SN.mov"素材拖至合成的时间线面板中，如图 4-45 所示。

图 4-45

2. 设置"颜色平衡"特效

选中"B011_C002_1015SN.mov"图层，在效果和预设面板中搜索并拖动"颜色平衡"

特效至"B011_C002_1015SN.mov"图层上，在图层中添加"颜色平衡"特效，如图 4-46 所示。进入效果控件面板，设置"高光蓝色平衡"为 25.0，"中间调绿色平衡"为-3.0，"阴影红色平衡"为-5.0，如图 4-46 所示。

图 4-46

3．设置"色阶"特效

在效果和预设面板中搜索并拖动"色阶"特效至"B011_C002_1015SN.mov"图层上，在图层中添加"色阶"特效。在"通道"下拉列表框中选择"RGB"，然后将"直方图"栏中的左侧色块向右拖动，右侧色块向左拖动，以提高视频的整体亮度和对比度。在"通道"下拉列表框中选择"蓝色"，设置"蓝色输入黑色"为 21.0，"蓝色输入白色"为 132.0，"蓝色输出白色"为 255.0，如图 4-47 所示。

图 4-47

4．设置"曲线"特效

在效果和预设面板中搜索并拖动"曲线"特效至"B011_C002_1015SN.mov"图层上，在图层中添加"曲线"特效。进入效果控件面板，在"通道"下拉列表框中选择"RGB"，调整曲线，如图 4-48 所示。

图 4-48

5．设置"色相/饱和度"特效

右击时间线面板空白处，在弹出的快捷菜单中选择"新建"→"调整图层"命令，即可添加名为"调整图层 1"的图层。选中"调整图层 1"图层，在效果和预设面板中搜索并拖动"色相/饱和度"特效至"调整图层 1"图层上，在图层中添加"色相/饱和度"特效。进入效果控件面板，在"通道控制"下拉列表框中选择"绿色"，设置"绿色色相"为"0x+56.0°"，"绿色饱和度"为-100，"绿色亮度"为-100，如图 4-49 所示。

图 4-49

选择"调整图层 1"图层，在效果和预设面板中搜索并拖动"亮度和对比度"特效至"调整图层 1"图层上，在图层中添加"亮度和对比度"特效。进入效果控件面板，设置"亮度"为-80，"对比度"为36，如图4-50所示。

图 4-50

6. 制作视频暗角压边

右击时间线面板空白处，在弹出的快捷菜单中选择"新建"→"纯色"命令，弹出"纯色设置"对话框，将"名称"设置为"暗角压边"，"颜色"为#000000。选择椭圆工具，在"暗角压边"图层上绘制椭圆遮罩。展开"暗角压边"图层遮罩属性，勾选"蒙版 1"中的"反转"复选框，设置"蒙版羽化"为"490.0，490.0 像素"。在效果和预设面板中搜索并拖动"曲线"特效至图层上，调整曲线如图4-51所示。

图 4-51

4.3.4　关键技能点总结

通过本案例的学习，读者能够学会运用"颜色平衡"特效、"色阶"特效、"曲线"特效、"色相/饱和度"特效、"亮度和对比度"特效对视频素材进行色彩的修饰和明暗的调节。

1．关键技能点

1）能够完成视频色彩矫正。

2）能够掌握视频细节的处理方法。

3）能够掌握视频暗角压边的处理方法。

2．实际应用

完成影视宣传片的制作。

第 5 章 键 控

键控是影视场景制作领域广泛采用的一种抠像技术，它能够有效地抠除素材中蓝色或绿色的信息，实现各类场景的合成。所以在拍摄影片时，为了方便后期抠除背景，演员往往会在蓝色或绿色的背景前表演，运用键控技术来抠除背景，再根据具体需求进行合成，制作出美轮美奂的场景效果。

学习目标：能够运用"颜色键""颜色差值键""线性颜色键""内部/外部键""Keylight（1.2）"特效，完成绿屏和蓝屏背景抠像。

5.1 背景颜色键控

颜色键是根据画面中所提供的色彩信息，键出与键控相近的颜色，通常采取绿屏或蓝屏抠像方式，将图层中的某些部分变成透明或半透明的状态，使其融合至新的场景中。

5.1.1 "颜色键"特效的使用方法

技能点：能够运用"颜色键"特效抠除视频背景。

1. 添加"颜色键"特效

打开 After Effects 软件，选择"合成"→"新建合成"菜单命令，弹出"合成设置"对话框，设置"合成名称"为"颜色键"，"宽度"为 720px，"高度"为 576px，"帧速率"为 25 帧/秒，"持续时间"为 0:00:03:14，单击"确定"按钮。双击项目面板空白处，弹出"导入文件"对话框，选择"素材文件\第 5 章\5.1\5.1.1\蓝屏.mov"素材，单击"导入"按钮。将"蓝屏.mov"素材拖至合成的时间线面板中，如图 5-1 所示。

图 5-1

选择"蓝屏.mov"图层，在效果和预设面板中搜索并拖动"颜色键"特效至"蓝屏.mov"图层上，即可在图层中添加"颜色键"特效，进入效果控件面板，可查看颜色键属性。

2．设置"颜色键"特效的属性

"主色"是指素材中的主体颜色。选中"主色"右边的吸管工具，吸取视频中所需抠除的颜色即可，如图5-2所示。

图5-2

"颜色容差"是调整被抠除颜色的色值范围，"颜色容差"值越大，被抠除的颜色范围就越大，如图5-3所示。

图5-3

"薄化边缘"是指抠除素材的边缘厚度。值越大，抠除的边缘厚度就越大。

"羽化边缘"是指柔化素材边缘。值越大，边缘就越虚，同背景的融合就越自然，如图 5-4 所示。

图 5-4

3．技能训练

（1）新建合成

打开 After Effects 软件，新建合成，双击项目面板空白处，在弹出的"导入文件"对话框中，导入"素材文件\第 5 章\5.1\5.1.1\蓝屏.mov"素材，将"蓝屏.mov"素材拖动至时间线面板中，如图 5-5 所示。

图 5-5

（2）设置"色阶"特效

选择"蓝屏.mov"图层，在效果和预设面板中搜索并拖动"色阶"特效至"蓝屏.mov"

图层上，即可在图层中添加"色阶"特效。进入效果控件面板，设置"输入黑色"为 30.0，"输入白色"为 203.0，"灰度系数"为 1.23，如图 5-6 所示。

图 5-6

（3）设置"颜色键"特效

选择"蓝屏.mov"图层，在效果和预设面板中搜索并拖动"颜色键"特效至"蓝屏.mov"图层上，即可在图层中添加"颜色键"特效。进入效果控件面板，选择"主色"右侧的"吸管工具"吸取"蓝屏"合成的背景颜色，设置"颜色容差"为 50，"羽化边缘"为 2.7，如图 5-7 所示。

图 5-7

（4）设置"遮罩阻塞工具"特效

选择"蓝屏.mov"图层，在效果和预设面板中搜索并拖动"遮罩阻塞工具"特效至"蓝屏.mov"图层上,即可在图层中添加"遮罩阻塞工具"特效。进入效果控件面板,设置"几何柔和度 1"为 7.0,如图 5-8 所示。

图 5-8

(5)背景合成

执行"合成"→"新建合成"菜单命令,弹出"合成设置"对话框,设置"合成名称"为"1","宽度"为 1280px,"高度"为 720px,"帧速率"为 25 帧/秒,"持续时间"为0:00:15:00,单击"确定"按钮。双击项目面板空白处,弹出"导入文件"对话框,选择"1.mov"素材,单击"导入"按钮。将"1.mov"素材拖至合成"1"的时间线面板最底层。

选择"蓝屏"合成,将其拖动至"1"合成中,按〈S〉键展开"蓝屏"图层缩放属性,设置"缩放"为"160.0,160.0%",如图 5-9 所示,完成背景合成制作。

图 5-9

5.1.2 "颜色差值键"特效的使用方法

"颜色差值键"特效

技能点：能够运用"颜色差值键"特效抠除视频背景。

1. 添加"颜色差值键"特效

（1）新建合成

打开 After Effects 软件，执行"合成"→"新建合成"菜单命令，弹出"合成设置"对话框，设置"合成名称"为"蓝屏 02"，"宽度"为 1920px，"高度"为 1080px，"帧速率"为 25 帧/秒，"持续时间"为 0:00:01:00，单击"确定"按钮。双击项目面板空白处，弹出"导入文件"对话框，选择"素材文件\第 5 章\5.1\5.1.2\蓝屏 02.mov"素材，单击"导入"按钮。将"蓝屏 02.mov"素材拖至"蓝屏 02"合成的时间线面板中。

（2）添加"颜色差值键"特效

选择"蓝屏 02.mov"图层，在效果和预设面板中搜索并拖动"颜色差值键"特效至"蓝屏 02.mov"图层上，即可在图层中添加"颜色差值键"特效。进入效果控件面板，可查看颜色差值键特效属性，如图 5-10 所示。

图 5-10

2. 设置"颜色差值键"特效的属性

"预览"是指预览视频或素材效果。"预览"包括素材视图和遮罩视图两种显示方式，其中遮罩视图用于预览调整后的视频效果，在遮罩视图下分别有"A""B"和"α"3 种预览方式，如图 5-11 所示。

"键控滴管"可以用来吸取源素材视图中的键控色，"黑滴管"用来吸取遮罩视图中的透明区域的颜色，"白滴管"用来吸取遮罩视图中的不透明区域的颜色，如图 5-12 所示。

"视图"用于切换合成窗口，显示合成效果。

"主色"指素材中的主体颜色。选择"主色"右边的吸管工具，吸取视频中所需抠除的颜色，即可去除不需要的色彩信息，如图 5-13 所示。

图 5-11

图 5-12

图 5-13

"颜色匹配准确度"用于设置颜色匹配的精度，它有"更快"和"更精确"两种方式。

A 部分区域可以精确调整遮罩 A 的参数，B 部分区域可以精确调整遮罩 B 的参数，遮罩部分区域可以精确调整 Alpha 遮罩的参数，如图 5-14 所示。

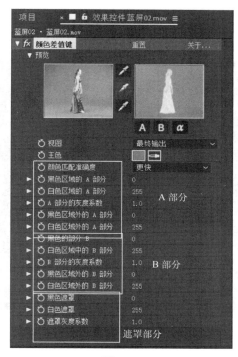

图 5-14

3．技能训练

（1）新建合成

打开 After Effects 软件，新建合成，双击项目面板空白处，在弹出的"导入文件"对话框中，选择"素材文件\第 5 章\5.1\5.1.2\蓝屏 02.mov"，并拖动"蓝屏 02.mov"素材至"蓝屏 02.mov"合成的时间线面板，如图 5-15 所示。

图 5-15

（2）设置"曲线"特效

选择"蓝屏 02.mov"图层，在效果和预设面板中搜索并拖动"曲线"特效至"蓝屏

02.mov"图层上，即可在图层中添加"曲线"特效，调整曲线效果如图 5-16 所示，增强视频的明暗对比。

图 5-16

（3）设置"颜色差值键"特效

选择"蓝屏 02"图层，在效果和预设面板中搜索并拖动"颜色差值键"特效至"蓝屏02"图层上，即可在图层中添加"颜色差值键"特效。进入效果控件面板，选择"主色"右边的吸管工具，吸取"蓝屏 02"合成背景中的蓝色区域，设置"黑色区域的 A 部分"为 27，"黑色遮罩"为 180，"白色遮罩"为 200，如图 5-17 所示，即可完成背景的抠除。

图 5-17

（4）设置"遮罩阻塞工具"特效

选择"蓝屏 02"图层，在效果和预设面板中搜索并拖动"遮罩阻塞工具"特效至"蓝屏 02"图层上，即可在图层中添加"遮罩阻塞工具"特效。进入效果控件面板，设置"几何柔和度 1"为 1.4，如图 5-18 所示。

图 5-18

（5）背景合成

执行"合成"→"新建合成"菜单命令，弹出"合成设置"对话框，设置"合成名称"
为"背景 2"，"宽度"为 1920px，"高度"为 1080px，"帧速率"为 25 帧/秒，"持续时间"
为 0:00:01:00，单击"确定"按钮。双击项目面板空白处，弹出"导入文件"对话框，选择
"素材文件\第 5 章\5.1\5.1.2\背景.mov"素材，单击"导入"按钮。将"背景.mov"素材拖至
"背景 2"合成中，按〈S〉键展开"背景.mov"图层缩放属性，设置"缩放"为"53.0，
53.0%"。

在项目面板中选择"蓝屏 02"合成，将其拖动至"背景 2"合成顶部，按〈S〉键展
开图层缩放属性，设置"缩放"为"106.0，106.0%"，如图 5-19 所示，完成背景合成的
制作。

图 5-19

技巧提示：“差异颜色键”特效主要通过 A、B 两个通道来调整颜色。在一般情况下，完成 A 通道的颜色抠除即可实现背景的抠除，而黑色遮罩和白色遮罩是其实现抠除的主要调节参数。

“线性颜色键”特效

5.1.3 “线性颜色键”特效的使用方法

技能点：能够运用“线性颜色键”特效，抠除视频背景。

1．添加“线性颜色键”特效

（1）新建合成

打开 After Effects 软件，执行“合成”→“新建合成”菜单命令，弹出“合成设置”对话框，设置“合成名称”为“绿屏”，“宽度”为 720px，“高度”为 576px，“帧速率”为 25 帧/秒，“持续时间”为 0:00:06:00，单击“确定”按钮。双击项目面板空白处，弹出“导入文件”对话框，选择“绿屏.mov”素材，单击“导入”按钮。将“绿屏.mov”素材拖至“绿屏”合成的时间线面板中。

（2）添加“线性颜色键”特效

选择“绿屏.mov”图层，在效果和预设面板中搜索并拖动“线性颜色键”特效至“绿屏.mov”图层上，即可在图层中添加“线性颜色键”特效。进入效果控件面板，即可查看线性颜色键属性，如图 5-20 所示。

图 5-20

2．设置“线性颜色键”特效的属性

“匹配颜色”用于实现源视图素材与调整后的视图素材的对比预览，如图 5-21 所示，其中有“使用 RGB”“色相”“色度”3 种对比模式。

“匹配容差”用于控制视频素材被抠除的区域大小，若“匹配容差”值增大，则抠除的区域也会随之增大，如图 5-22 所示。

图 5-21

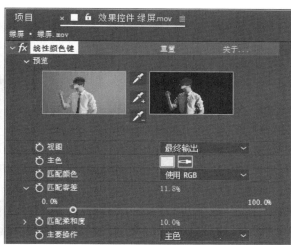

图 5-22

"匹配柔和度"用于控制视频素材保留区域的大小，如图 5-23 所示。

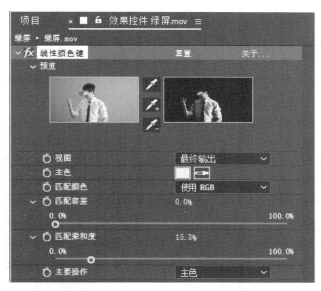

图 5-23

3．技能训练

（1）新建合成

打开 After Effects 软件，新建合成，将"合成名称"设置为"绿屏"，双击项目面板空白处，在弹出的"导入文件"对话框中，导入"素材文件\第 5 章\5.1\5.1.3\绿屏.mov"素材，并拖动"绿屏.mov"至"绿屏"合成的时间线面板，如图 5-24 所示。

图 5-24

（2）设置"线性颜色键"特效

选择"绿屏.mov"图层，在效果和预设面板中搜索并拖动"线性颜色键"特效至"绿屏.mov"图层上，即可在图层中添加"线性颜色键"特效。进入效果控件面板，选择"主色"右侧的吸管工具，吸取"绿屏"合成背景中的绿色区域；再选择带有加号的吸管，继续吸取残留的绿色，设置"匹配容差"为 17.0%，"匹配柔和度"为 2.0%，即可完成背景抠除，效果如图 5-25 所示。

图 5-25

（3）设置"溢出抑制"特效

选择"绿屏.mov"图层，在效果和预设面板中搜索并拖动"溢出抑制"特效至"绿屏.mov"图层上，即可在图层中添加"溢出抑制"特效。进入效果控件面板，设置"要抑制的颜色"为#00ff00，即可控制人物边缘颜色溢出，效果如图5-26所示。

图 5-26

（4）背景合成

双击项目面板空白处，弹出"导入文件"对话框，选择"素材文件\第 5 章\5.1\5.1.3\街道背景.jpg"素材，单击"导入"按钮。拖动素材"街道背景.jpg"至"绿屏"合成的时间线面板底部，按〈S〉键展开"街道背景.jpg"图层的缩放属性，设置"缩放"为"102.0，102.0%"，即可完成背景合成，如图5-27所示。

图 5-27

5.2　亮度颜色键控

亮度颜色键控的原理是通过层遮罩来确定要抠除的区域，再使用内外两个遮罩进行混合，从而实现素材背景的抠除，它主要应用于处理带有毛发的素材。

Keylight 键控是一种使用效率极高的抠像技术，它可以对抠除的素材进行精确控制，并且将残留在蓝屏或绿屏上的色彩反光替换为新的背景环境光。

5.2.1　"内部/外部键"特效的使用方法

技能点：能够运用"内部/外部键"特效抠除素材背景。

1．添加"内部/外部键"特效

打开 After Effects 软件，执行"合成"→"新建合成"菜单命令，弹出"合成设置"对话框，设置"合成名称"为"猫咪"，"宽度"为 1024px，"高度"为 734px，"帧速率"为 25帧/秒，"持续时间"为 0:00:02:00，单击"确定"按钮。双击项目面板空白处，弹出"导入文件"对话框，选择"素材文件\第 5 章\5.2\5.2.1\猫咪.jpg"素材，单击"导入"按钮。将"猫咪.jpg"素材拖至"猫咪"合成的时间线面板中。

选择"猫咪.jpg"图层，使用钢笔工具在"猫咪.jpg"图层内部绘制内部蒙版，在"猫咪.jpg"图层外部绘制外部蒙版。然后在效果和预设面板中搜索并拖动"内部/外部键"特效至"猫咪.jpg"图层上，即可在图层中添加"内部/外部键"特效，进入效果控件面板可查看"内部/外部键"特效的属性，如图 5-28 所示。

图 5-28

2．设置"内部/外部键"特效的属性

"前景（内部）"用于控制素材的内部蒙版。在"前景（内部）"中选择"蒙版 1"，如图 5-29 所示。

"背景（外部）"用于控制素材的外部蒙版。在"背景（外部）"中选择"蒙版 2"，如

"内部/外部键"特效

图 5-30 所示。

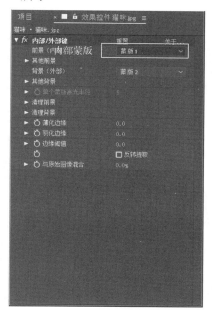

图 5-29

图 5-30

"清理背景"用于控制内部蒙版与外部蒙版所产生的中间区域。

"薄化边缘"用于抠除内部蒙版与外部蒙版中间的白色区域，如图 5-31 所示。

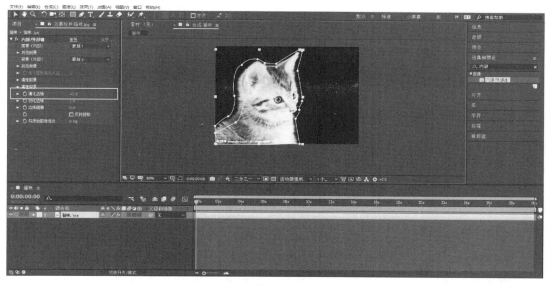

图 5-31

"羽化边缘"可以虚化素材边缘，让素材与背景间的过渡更加自然。

3. 技能训练

（1）新建合成

打开 After Effects 软件，新建合成。双击项目面板空白处，弹出"导入文件"对话框，选择"素材文件\第 5 章\5.2\5.2.1\猫咪.jpg"素材，单击"导入"按钮。将"猫咪.jpg"素材拖至"猫咪"合成的时间线面板中，如图 5-32 所示。

图 5-32

（2）制作内外蒙版

选择"猫咪.jpg"图层，使用钢笔工具沿着"猫咪.jpg"图层内部区域绘制内部蒙版，并将其命名为"蒙版 1"。用相同的方法绘制外部蒙版，需要注意的是，绘制外部蒙版时要尽量使其同内部蒙版的节点保持一致，如图 5-33 所示。

图 5-33

（3）设置"内部/外部键"特效

选择"猫咪.jpg"图层，在效果和预设面板中搜索并拖动"内部/外部键"特效至"猫咪.jpg"图层上，即可在图层中添加"内部/外部键"特效。进入效果控件面板，设置"薄化边缘"为-0.3，"羽化边缘"为1.0，如图5-34所示。

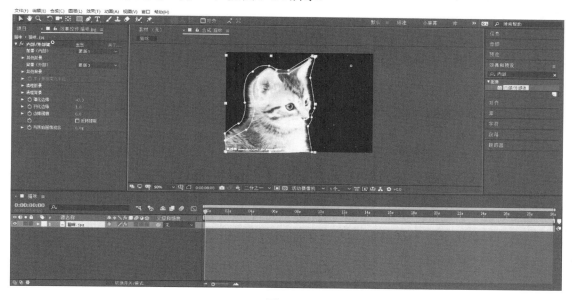

图 5-34

（4）背景合成

双击项目面板空白处，弹出"导入文件"对话框，选择"素材文件\第 5 章\5.2\5.2.1\Starfield Bockground 10.mov"素材，单击"导入"按钮。选中"Starfield Bockground 10.mov"图层并将其拖至合成的时间线面板底层，按〈S〉键展开缩放属性，设置"缩放"为"67.0，67.0%"，如图5-35所示，即可完成背景合成。

图 5-35

技巧提示：使用钢笔工具绘制内外蒙版时，若出现错误，可以选择钢笔工具中的删除点工具删除多余节点即可。

5.2.2 "Keylight（1.2）"特效的使用方法

"Keylight（1.2）"特效

技能点：能够运用"Keylight（1.2）"特效抠除视频背景。

1. 添加"Keylight（1.2）"特效

（1）新建合成

打开 After Effects 软件，执行"合成"→"新建合成"菜单命令，弹出"合成设置"对话框，设置"合成名称"为"HexDance2"，"宽度"为 1920px，"高度"为 1080px，"帧速率"为 25 帧/秒，"持续时间"为 0:00:18:05，单击"确定"按钮。双击项目面板空白处，弹出"导入文件"对话框，选择"素材文件\第 5 章\5.2\5.2.2\HexDance.mov"素材，单击"导入"按钮，并将其拖至"HexDance2"合成的时间线面板中。

（2）添加"Keylight（1.2）"特效

选择"HexDance.mov"图层，在效果和预设面板中搜索并拖动"Keylight（1.2）"特效至"HexDance.mov"图层上，即可在图层中添加"Keylight（1.2）"特效，如图 5-36 所示。进入效果控件面板，即可查看"Keylight（1.2）"特效的属性。

图 5-36

2. 设置"Keylight（1.2）"特效的属性

View：视图显示，指视频的显示类型。其中"Screen Matte"（屏幕蒙版）和"Final Result"（最终显示效果）是最为常用的，如图 5-37 所示。

Screen Colour：屏幕抠除颜色，指抠除素材中不需要的颜色，用吸管工具吸取

"HexDance2"合成中背景颜色，即可完成背景的初步抠除，如图5-38所示。

图 5-37

图 5-38

Screen Matte：屏幕蒙版，对素材进行精确调整。其中"Clip Black"（黑色区域）调整的是素材的黑色区域，去除区域中的杂点；"Clip White"（白色区域）调整的是素材的白色区域，保留区域中的杂点，如图5-39所示。

图 5-39

3．技能训练

（1）新建合成

打开 After Effects 软件，执行"合成"→"新建合成"菜单命令，弹出"合成设置"对话框，设置"合成名称"为"HexDance"，"宽度"为 1920px，"高度"为 1080px，"帧速率"为 25 帧/秒，"持续时间"为 0:00:18:05，单击"确定"按钮。双击项目面板空白处，弹出"导入文件"对话框，选择"素材文件\第 5 章\5.2\5.2.2\HexDance.mov"素材，单击"导入"按钮，并将其拖至"HexDance"合成的时间线面板中，如图 5-40 所示。

图 5-40

（2）添加"Keylight（1.2）"特效

选择"HexDance.mov"图层，在效果和预设面板中搜索并拖动"Keylight（1.2）"特效至

"HexDance.mov"图层上，即可在图层中添加"Keylight（1.2）"特效。进入效果控件面板，在"View"（视图显示）中选择"Final Result"（最终结果），选择"Screen Colour"（屏幕抠除颜色）的吸管工具，吸取"HexDance"合成中的背景，即可初步抠除背景，如图5-41所示。

图 5-41

（3）设置"Keylight（1.2）"特效

在"View"（视图显示）中选择"Screen Matte"（屏幕蒙版），效果如图 5-42 所示。将"Screen Matte"（屏幕蒙版）中的"Clip Black"（黑色区域）设置为 20.0，"Clip White"（白色区域）为 90.0。在"View"（视图显示）中选择"Final Result"（最终显示效果），即可完成抠除，如图 5-43 所示。

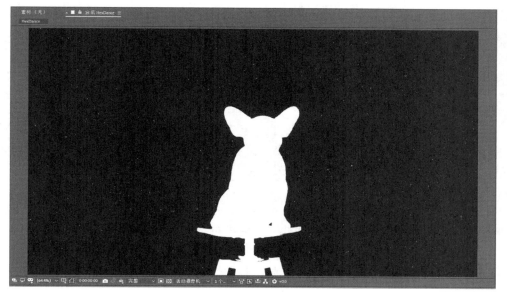

图 5-42

图 5-43

（4）合成背景

双击项目面板空白处，弹出"导入文件"对话框，选择"素材文件\第 5 章 \5.2\5.2.2\timg.jpeg"素材，单击"导入"按钮。将其拖至合成的时间线面板中，拖动 "timg.jpeg"图层至"HexDance"合成底层，按〈S〉键展开缩放属性，设置"缩放"为 "200.0，200.0%"，如图 5-44 所示，即可完成背景合成。

图 5-44

技巧提示："Keylight（1.2）"特效主要用于带有反射的半透明素材图像以及绿屏和蓝屏 的素材图像的抠除。

5.3 实训六：栏目主持人抠像

5.3.1 案例概述

本案例主要讲解"Keylight（1.2）""Mask"（遮罩）"色阶""色相/饱和度"等特效的综合运用。通过栏目主持人抠像案例的学习，使读者熟练运用之前所学习的技能知识，掌握视频抠像操作的整个流程。

技能点：新闻联播虚拟演播室合成。

5.3.2 思路解析

首先导入素材，整理素材，对栏目主持人素材添加"色阶""色相/饱和度"特效调整素材的亮度信息。用"Keylight（1.2）""遮罩"（Mask）等特效抠除视频的蓝色背景。将平面软件制作出的虚拟场景导入 After Effects 中，同已抠除出的主持人素材进行合成，从而完成新闻联播虚拟演播室的制作。

实训六：栏目主持人抠像

5.3.3 案例制作

1. 新建合成

打开 After Effects 软件，执行"合成"→"新建合成"菜单命令，弹出"合成设置"对话框，设置"合成名称"为"MVI_9765"，"宽度"为 1920px，"高度"为 1080px，"帧速率"为 25 帧/秒，"持续时间"为 0:00:53:14，单击"确定"按钮。双击项目面板空白处，弹出"导入文件"对话框，选择"素材文件\第 5 章\实训六：栏目主持人抠像\MVI_9765.MP4"素材，单击"导入"按钮，并将其拖至"MVI_9765"合成的时间线面板中。

2. 设置"色阶"特效

选择"MVI_9765.MP4"图层，在效果和预设面板中搜索并拖动"色阶"特效至"MVI_9765.MP4"图层上，即可在图层中添加"色阶"特效。进入效果控件面板，设置"输入白色"为231.0，"灰度系数"为1.12，如图 5-45 所示。

图 5-45

3．设置"Keylight（1.2）"特效

选择"MVI_9765.MP4"图层，在效果和预设面板中搜索并拖动"Keylight（1.2）"特效至"MVI_9765.MP4"图层上，即可在图层中添加"Keylight（1.2）"特效。进入效果控件面板，选择"Screen Colour"（屏幕抠除颜色）的吸管工具，吸取"MVI_9765"合成中的背景，即可初步抠除背景，如图 5-46 所示。

图 5-46

在"View"（视图显示）中选择"Screen Matte"（屏幕蒙版），将"Screen Matte"（屏幕蒙版）中的"Clip Black"（黑色区域）设置为 20.0，"Clip White"（白色区域）设置为 61.0。在"View"（视图显示）中选择"Final Result"（最终显示效果），即可完成抠除。

4．制作视频遮罩（Mask）

选择"MVI_9765.MP4"图层，按〈Ctrl+D〉键复制图层，选择副本图层，进入效果控件面板，删除"Keylight（1.2）"特效。选择钢笔工具，进一步完善"MVI_9765.MP4"副本图层中抠除的区域部分，如图 5-47 所示。

图 5-47

5. 设置"色相/饱和度"特效

选择"MVI_9765.MP4"图层，在效果和预设面板中搜索并拖动"色相/饱和度"特效至"MVI_9765.MP4"图层上，即可在图层中添加"色相/饱和度"特效。进入效果控件面板，设置"蓝色饱和度"为-60，"蓝色亮度"为-20，如图5-48所示。

图 5-48

6. 合成虚拟演播室

执行"合成"→"新建合成"菜单命令，弹出"合成设置"对话框，设置"合成名称"为"合成1"，"宽度"为1920px，"高度"为1080px，"帧速率"为25帧/秒，"持续时间"为0:00:14:00，单击"确定"按钮。

双击项目面板空白处，弹出"导入文件"对话框，选择"素材文件\第 5 章\实训六：栏目主持人抠像\演播室素材\000000.png"序列图片，勾选"Targa 序列"复选框，单击"导入"按钮。在项目面板中选择"000000.png"序列图片，并将其拖至"合成1"的时间线面板。在项目面板中选择"MVI_9765"，将其拖动至"合成 1"顶层，并打开图层三维开关 ⬡，按〈P〉键展开图层位置属性，设置"位置"为"1130.5，-191.0，7740.0"，即可将主持人置于演播室中。

选择"MVI_9765"合成图层，在效果和预设面板中搜索并拖动"投影"特效至"MVI_9765.MP4"图层上，即可在图层中添加"投影"特效。进入效果控件面板，设置"距离"为13.0，"柔和度"为6.0，即可完成虚拟演播室合成，如图5-49所示。

图 5-49

5.3.4 关键技能点总结

通过本案例的学习，读者能够掌握"Keylight（1.2）""色阶""色相/饱和度"等特效的综合运用，可以对虚拟演播室合成有一个清晰的认识。

1．关键技能点

1）能够完成"色阶""色相/饱和度"特效的设置。

2）能够掌握"Keylight（1.2）"（键控）特效的抠像方法。

3）能够掌握遮罩和"Keylight（1.2）"（键控）特效的综合应用。

2．实际应用

完成虚拟演播室视频合成。

第6章 特效合成

After Effects 自身包含了一系列特效，所有特效都是插件，插件其实就是外置的小型软件。除了 After Effects 自带的特效外，用户可以根据自己需要安装第三方插件。

学习目标：能够运用 Particular 插件、动态追踪、Newton 动力学插件，完成粒子动画、火焰动画、弹力动画及场景合成制作。

6.1 "粒子"特效

After Effects 中的 Trapcode 系列插件是用户经常使用的第三方插件，其中 Particular（粒子系统）功能最为强大，应用最广。该特效可以模拟很多接近真实的流体效果，如星空、烟花、云雾等，还可以制作许多炫目的粒子光效。

技能点：Particular 发射器和"粒子"特效的使用方法。

"粒子"特效

6.1.1 Particular 插件的安装

Particular 是一款第三方插件，需要手动安装，其主要功能是用于制作"粒子"等特效，如星空、烟花等。访问网址https://www.redgiant.com/products/trapcode-suite可以下载插件。下载好插件并解压 Trapcode Suite 14.zip 文件，进入文件夹双击 Trapcode Suite 14.exe 安装程序，按安装提示操作，如图 6-1 所示。然后在安装结束界面上单击"Enter Licensing Info ..."按钮，在弹出的"Trapcode Suite Licensing"对话框中输入序列号，如图 6-2 所示。单击"Submit"按钮，弹出提示对话框，如图 6-3 所示，单击"确定"按钮，即可完成插件的安装。

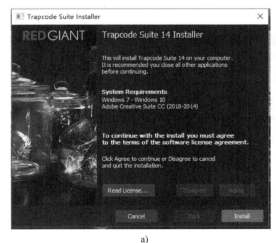
a)

b)

图 6-1

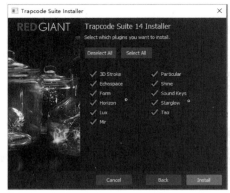

c)

d)

e)

图 6-1（续）

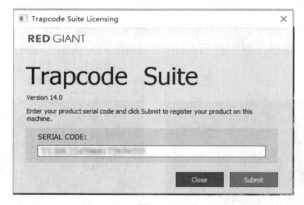

图 6-2

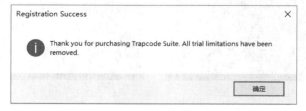

图 6-3

6.1.2 "粒子"特效的使用

1. 添加"粒子"特效

在项目面板中单击"新建合成"按钮，弹出"合成设置"对话框，将"合成名称"设置为"粒子"，"宽度"为 1280px，"高度"为 720px，"帧速率"为 25 帧/秒，"持续时间"为 0:00:02:00。在时间线面板中新建纯色图层，并命名为"粒子"图层，在效果和预设面板中搜索并拖动"Particular"特效至粒子图层上，按空格键即可看到粒子发射器发射的白色粒子，效果如图 6-4 所示。

图 6-4

2. 设置"粒子"特效的属性

（1）Particular 发射器

Emitter：发射器，控制粒子发射器的各种属性，如图 6-5 所示。

图 6-5

Particles/sec：每秒粒子数，控制每秒发射的粒子数量，值越大，数量越多。

Emitter Type：发射器类型，根据不同情况选择发射器类型，默认为 Point（点）形状，还有 Box（立方体）、Sphere（球形）等。

Position：位置，调节发射器在空间中的位置。

Position Subframe：位置子帧，控制运动轨迹的平滑程度，默认为线性。

Direction：方向，控制粒子发射的方向，有方向和统一两种方式，默认以方向方式显示，如图 6-6 所示。

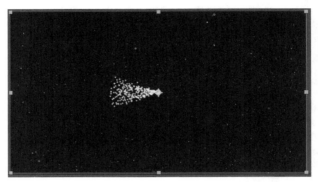

图 6-6

X/Y/Z Rotation：X/Y/Z 旋转，控制发射器各个轴向旋转的角度，如图 6-7 所示。

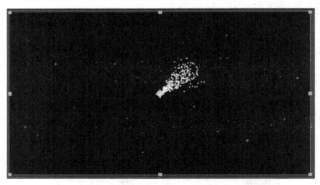

图 6-7

Velocity：速度，控制单位时间内粒子发射的距离，间接调节粒子运动速度，如图 6-8 所示。

图 6-8

Velocity Random：速度随机，给粒子的运动速度增加随机性，如图 6-9 所示。

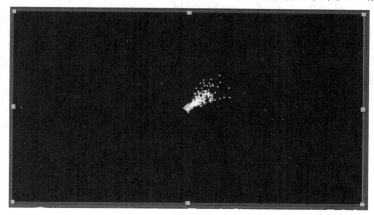

图 6-9

Velocity Distribution：速度分布，控制粒子速度的分布均匀程度。

Velocity from Motion：速度跟随主体，控制粒子速度跟随主体进行运动的速率，主体越大，其速度越快。

（2）Particular 粒子

Particle：粒子，设置粒子颗粒的形态，如图 6-10 所示。

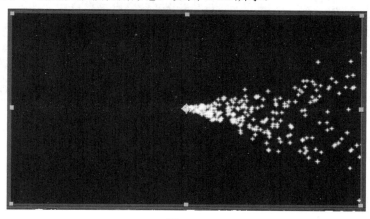

图 6-10

Life[sec]：每秒生命值，设置粒子存活的时间。

Life Random：生命随机值，控制每颗粒子随机消失的时间长短。

Particle Type：粒子类型，选择不同的粒子形状，有 Sphere（球体）、Glow Sphere（No DOF）、Star（No DOF）等，Sphere（球体）为默认状态。

Size：大小，控制粒子的大小。

Size Random：大小随机值，控制每颗粒子大小的随机性。

Size over Life：生命上的大小，设置从粒子出生到死亡的粒子大小变化，如图 6-11 所示。

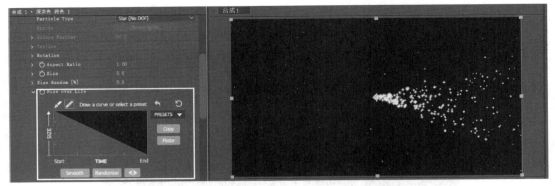

图 6-11

Opacity：不透明度，控制粒子的透明程度。

Opacity Random：不透明度随机值，控制每粒子透明程度的随机性。

Opacity over Life：生命上的不透明度，设置从粒子出生到死亡的粒子不透明程度，如图 6-12 所示。

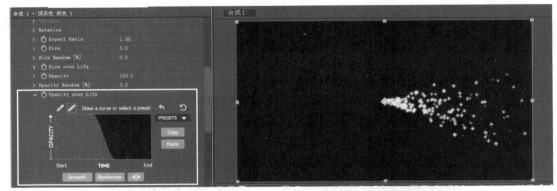

图 6-12

（3）Particular 物理属性

Physics：物理学，模拟真实世界中的物理属性，包括 Gravity（重力场）、Air（空气）等属性。

Turbulence Field：扰乱场，控制粒子相互撞击所产生的幅度。

（4）Particular 辅助对象

Aux System：附加系统，是粒子附加的系统属性。

3. 技能训练

（1）新建合成

打开 After Effects 软件，单击项目面板中的"新建合成"按钮，弹出"合成设置"对话框，将"合成名称"设置为"粒子特效"，"宽度"为 1280px，"高度"为 720px，"帧速率"为 25 帧/秒，"持续时间"为 0:00:06:00，单击"确定"按钮。在"粒子特效"合成的时间线面板中，通过快捷菜单新建纯色图层，并将其命名为"粒子"。选中"粒子"图层，执行"效果"→"RG Trapcode"→"Particular"菜单命令，拖动时间线至 0:00:02:00 处预览效果，如图 6-13 所示。

图 6-13

（2）设置发射器的参数

在效果控件面板中展开"Particular"属性，并单击"Emitter"左边的小三角按钮 ，设置"Particles/sec"（每秒粒子数）值为 600，如图 6-14 所示。单击"Position"属性左侧的码表按钮 激活关键帧，将时间线拖动至 0:00:00:00 处，设置"Position"（位置）值为"-10.0，370.0，0.0"；将时间线拖动至 0:00:02:00 处，设置"Position"（位置）值为"452.0，598.7，0.0"；将时间线拖动至 0:00:03:00 处，设置"Position"（位置）值为"764.9，173.9，0.0"；将时间线拖动至 0:00:04:00 处，设置"Position"（位置）值为"1056.6，519.4，0.0"；将时间线拖动至 0:00:05:00 处，设置"Position"（位置）值为"1333.9，238.7，0.0"；将时间线拖动至 0:00:06:00 处，设置"Position"（位置）值为"1274.0，372.0，0.0"；设置"Velocity"（速度）值为-70.0，"Velocity Random"（速度随机）值为 25.0，"Velocity Distribution"（速度分布）值为 2.0，"Velocity from Motion"（速度跟随主体）值为 9.0，效果如图 6-15 所示。

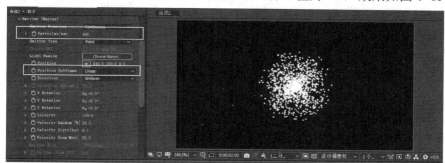

图 6-14

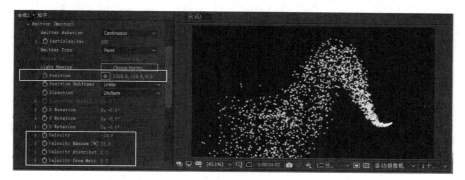

图 6-15

（3）调整粒子的形态

单击"Particle"（粒子）左边的小三角按钮 >，设置"Sphere Feather"（羽化值）值为0，"Size"（大小）值为 16.0，"Size Random"（大小随机值）值为 100.0，"Size over Life"（生命上的大小）值如图 6-16 所示，"Opacity Random"（不透明度随机值）值为 16.0，效果如图 6-17 所示。

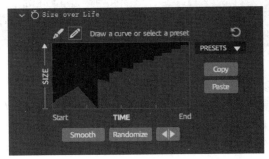

图 6-16

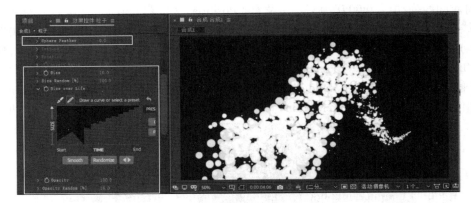

图 6-17

单击"Shading"（阴影）左边的小三角按钮 >，打开"Shadowlet for Main"和"Shadowlet for Aux 开关"均设置为"On"，效果如图 6-18 所示。

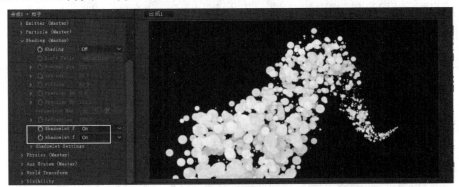

图 6-18

展开"Physics"（物理学）属性，找到"Air"（空气）中的"Turbulence Field"（扰乱场），设置"Affect Position"（影响位置）值为 300.0，效果如图 6-19 所示。

图 6-19

展开"Aux System"（附加系统）属性，在"Emit"下拉列表框中选择"Continuously"，设置"Particles/sec"（每秒粒子数）值为 77，如图 6-20 所示；"Size over Life"（生命上的大小）值如图 6-21 所示。

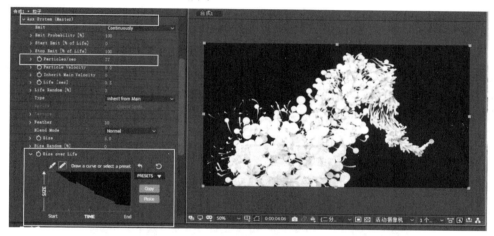

图 6-20

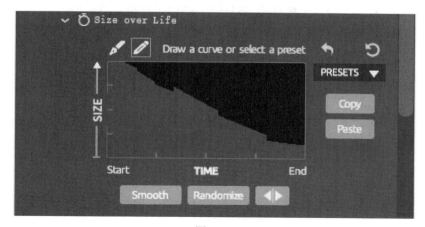

图 6-21

6.2 实训七：粒子片头动画

6.2.1 案例概述

本案例主要使用 Particular 插件制作一个简单的 Logo 粒子片头动画，重点讲解如何通过粒子发射器、粒子形态、物理属性、辅助对象等相关参数的设置，完成背景动画和主体动画制作。

实训七：粒子片头动画

6.2.2 思路解析

案例制作思路是先将案例分解为几部分，然后逐一实现。首先在合成中新建纯色图层，并为其添加"Particular"特效来制作背景粒子动画。然后以此为基础复制两层，修改参数细节，制作外部粒子动画和内部粒子动画。最后通过第 3 章学习的遮罩动画来完成 Logo 渐出效果的制作。

6.2.3 案例制作

1．新建合成

打开 After Effects 软件，单击项目面板中的"新建合成"按钮，弹出"合成设置"对话框，将"合成名称"设置为"合成 1"，"宽度"为 1280px，"高度"为 720px，"帧速率"为 25 帧/秒，"持续时间"为 0:00:04:00，单击"确定"按钮，如图 6-22 所示。

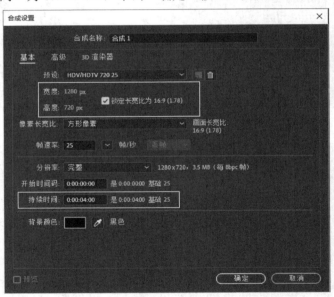

图 6-22

右击时间线面板空白处，在弹出的快捷菜单中选择"新建"→"纯色"命令，弹出"纯色设置"对话框，将"名称"设置为"背景"，单击"确定"按钮。在效果和预设面板中搜索并拖动"梯度渐变"特效至"背景"图层上。进入效果控件面板，选中"梯度渐变"特效，设置"起始颜色"为#F2F2F2，"结束颜色"为#737373，"渐变形状"为径向渐变，"渐变起点"设置为"640.0，368.0"，"渐变终点"为"640.0，1056.0"，如图 6-23 所示。

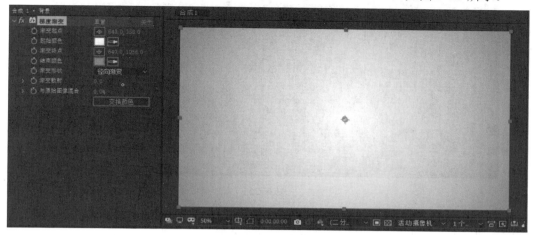

图 6-23

2．制作背景粒子动画

右击时间线面板，在弹出的快捷菜单中选择"新建"→"纯色"命令，弹出"纯色设置"对话框，将"名称"设置为"背景粒子"，单击"确定"按钮。执行"效果"→"RG Trapcode"→"Particular"菜单命令，按空格键预览粒子动画，效果如图 6-24 所示。

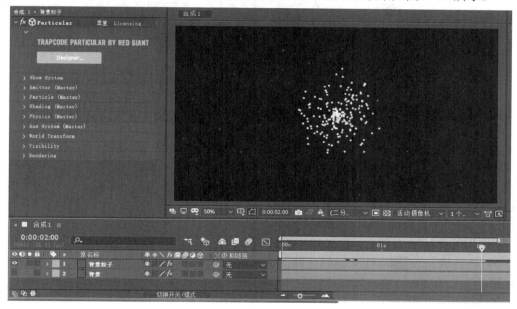

图 6-24

选中"背景粒子"图层，进入效果控件面板，单击"Emitter"（发射器）左边的小三角按钮 ，设置"Particles/sec"（每秒粒子数）为 70，"Emitter Type"（发射器类型）为 Box，"Direction"（方向）为"Directional"，"X Rotation"为"0x-90.0°"，"Emitter Size XYZ"为2000，如图 6-25 所示。

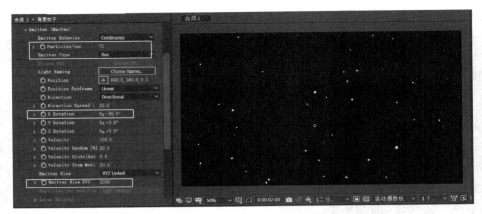

图 6-25

单击"Particle"（粒子）左边的小三角按钮 <kbd>></kbd>，设置"Sphere Feather"（羽化值）为 0.0，"Size"（大小）为 12.0，"Size Random"（大小随机值）为 100.0，"Opacity"（不透明度）为 55.0，"Opacity Random"（不透明度随机值）为 60.0，如图 6-26 所示。

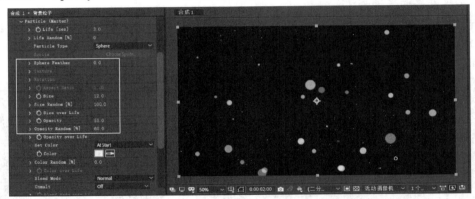

图 6-26

3．制作内部粒子动画

右击时间线面板空白处，在弹出的快捷菜单中选择"新建"→"纯色"命令，弹出"纯色设置"对话框，将"名称"设置为"内部粒子"，单击"确定"按钮。执行"效果"→"RG Trapcode"→"Particular"菜单命令，按空格键预览粒子动画效果。

单击"Emitter"（发射器）左边的小三角按钮 <kbd>></kbd>，再单击"Particles/sec"（每秒粒子数）属性左侧的码表按钮 <kbd>⏱</kbd> 激活关键帧，将时间线拖动至 0:00:00:00 处，设置"Particles/sec"（每秒粒子数）为 800；将时间线拖动至 0:00:00:15 处，设置"Particles/sec"（每秒粒子数）为 0，"Direction"（方向）为"Directional"，"Y Rotation"为"0x+90.0°"；将时间线拖动至 0:00:00:10 处，设置"Position"（位置）为"482.0，360.0"；将时间线拖动至 0:00:02:00 处，设置"Position"（位置）为"1077.0，360.0"；设置"Emitter Type"（发射器类型）为"Box"，"Emitter Size"（发射器大小）"XYZ Individual"，"Emitter Size X"为 150，"Emitter Size Y"为 260，"Emitter Size Z"为 120，"Velocity"（速度）为 300.0。将时间线拖动至 0:00:01:14 处，即可显示最终效果，如图 6-27 所示。

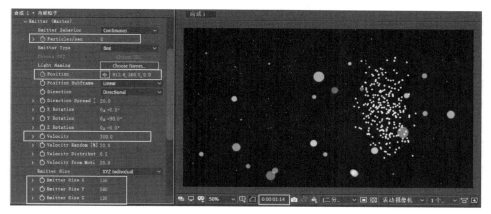

图 6-27

单击"Particle"（粒子）左边的小三角按钮 ▸ ，设置"Sphere Feather"（羽化值）为
0.0，"Size"（大小）值为 13.0，"Size Random"（大小随机值）为 84.0，选择"Size over
Life"（生命上的大小）右侧"PRESETS"下拉列表中的第三项，如图 6-28 所示。选择
"Color over Life"（颜色跟随生命值变化），在"PRESETS"下拉列表中选择第四项，如
图 6-29 所示，将"Set Color"（设置颜色）设置为"Random from Gradient"（随机的渐变颜
色），使粒子颜色更加丰富，详细参数如图 6-30 所示。

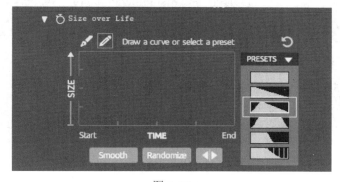

图 6-28

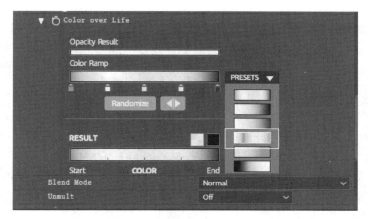

图 6-29

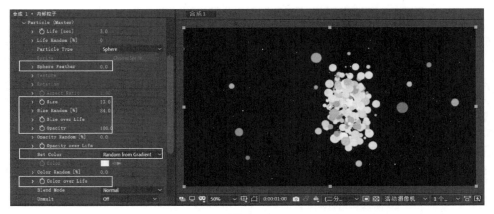

图 6-30

单击"Physics"（物理学）左边的小三角按钮 <kbd>></kbd>，进入"Air"（空气）选项栏，选择"Spherical Field"（球形场），设置"Strength"（强度）值为 65.0，"Radius"（半径）值为 300.0，如图 6-31 所示。

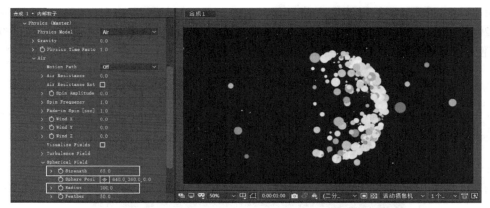

图 6-31

选中"内部粒子"图层，在效果和预设面板中搜索并拖动"色相/饱和度"特效至"内部粒子"图层，进入效果控件面板设置"主色相"为"0x+277.0°"，如图 6-32 所示。

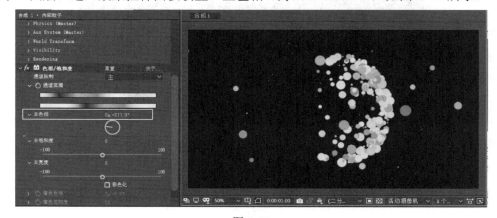

图 6-32

4．制作外部粒子动画

选中"内部粒子"图层，按〈Ctrl+D〉键复制该图层，将副本重命名为"外部粒子"。进入效果控件面板，选择"Particular"特效，设置"Size"（大小）为 30.0，设置"Spherical Field"（球形场）中的"Radius"（半径）为 350.0，效果如图 6-33 所示。

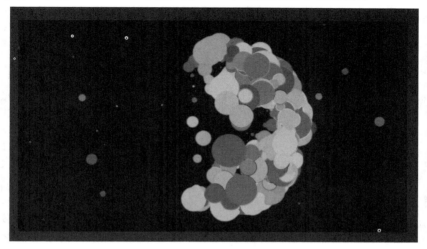

图 6-33

5．制作 Logo 动画

双击项目面板空白处，弹出"导入文件"对话框，选择"素材文件\第 6 章\实训七：粒子片头动画\logo1.psd"，以"素材"方式导入。在时间线面板中选中"logo1.psd"，将其拖动至"粒子"图层上，按〈S〉键展开图层缩放属性，设置"缩放"为"36.5，36.5%"，使其与之前制作的粒子动画匹配，效果如图 6-34 所示。

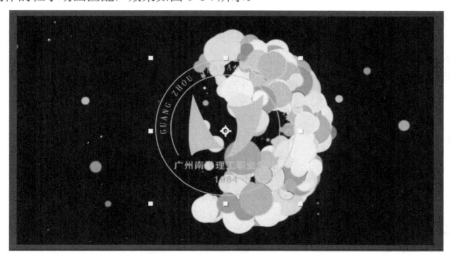

图 6-34

选中"logo1.psd"图层，选择椭圆工具，在"合成 1"中根据 Logo 大小绘制一个遮罩。然后选择"外部粒子"图层，按〈U〉键展开图层所有关键帧，展开"logo1.psd"蒙版属性，将时间线拖动至 0:00:00:10，单击"蒙版路径"前的码表按钮 激活关键帧，然后选择工具栏中的选取工具，在"合成 1"中调整蒙版路径右边的两个点，将其向左移动，使 Logo 素材消失；将时间线拖动至 0:00:00:20，使用选取工具选中蒙版右边的两个点，将其向右移动，使 Logo 素材出现，最后将"logo1.psd"图层拖到"粒子"图层之下，效果如图 6-35 所示。

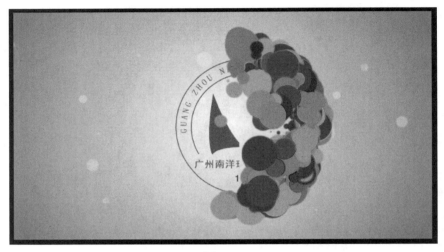

图 6-35

6.2.4　关键技能点总结

通过本案例的制作，读者能够运用 Particular 插件的发射器、粒子、物理属性、辅助对象等完成粒子片头动画的制作。

1．关键技能点

1）掌握粒子发射器的运用。

2）掌握粒子形态、大小及辅助物体的运用。

3）掌握遮罩动画关键帧的运用。

2．实际应用

完成粒子片头动画的制作。

6.3　动态追踪

After Effects 软件具有强大的运动跟踪与稳定功能，可以提取任何运动物体和运动相机的运行轨迹，它是电影特效制作中不可缺少的功能。

6.3.1　动态追踪的使用方法

运动追踪是用来将虚拟物体和实拍视频进行合成和绑定的工具，通过追踪视频中的物体运行轨迹，将虚拟物体绑定于运行轨迹上，从而实现同步运动。这种技术可以使得制作的场景更加真实，所需制作成本较低。

1．创建跟踪器

在 After Effects 中，可以通过以下两种方法创建跟踪器。

动态追踪

● 通过菜单栏打开跟踪器面板。执行"窗口"→"跟踪器"菜单命令，如图 6-36 所示，即可为素材创建跟踪器。

图 6-36

● 通过切换工作区打开跟踪器面板。执行"窗口"→"工作区"→"运动跟踪"菜单命令，如图 6-37 所示，即可为素材创建运动跟踪器。

图 6-37

打开"跟踪器"面板后，选择需要跟踪的素材，单击"跟踪运动"按钮，即可在视频中显示出"跟踪点 1"，如图 6-38 所示。需要注意的是，跟踪器有 4 种状态，分别为"跟踪摄像机""变形稳定器""跟踪运动""稳定运动"，默认选择"跟踪运动"状态。

图 6-38

2. 选择跟踪点

跟踪点由跟踪点、特征范围框和特征搜索框组成，如图 6-39 所示。特征范围框所围绕的像素点是跟踪点用来随着帧数的播放尝试跟随的范围，所以特征范围框应尽量选择清晰的视频区域，并且尽可能地贯穿整个序列帧。特征搜索框是指 After Effects 用来搜索素材的特征范围。

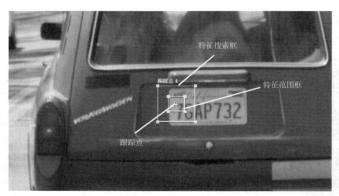

图 6-39

跟踪点是指素材中需要追踪运动路径的起点或标识点，它是跟踪运动中最为重要的部分。跟踪点的选取要遵循一定原则，首先选择视频素材中明暗信息对比较强的部分或区域；其次，特征范围框需要包裹住跟踪点；最后，特征搜索框需要包裹住特征范围，以扩大采集范围，从而实现视频素材运动速度和幅度的跟踪；若视频素材速度较快，其特征搜索框的范围应适当增大。

3. 设置跟踪器的属性

添加跟踪点：在跟踪素材上添加跟踪点。

跟踪素材：当合并层中有多套素材时，可选择不同的跟踪素材。

当前跟踪点：当同一个素材上有多个跟踪点时，可选择不同的跟踪点。

位移属性：根据素材的运动类型选择对应的位移属性。

编辑目标：当合并层中有多个编辑目标对象时，可以把跟踪的运动轨迹指定给某个特定对象。

解算：当设定好跟踪点的位置时，执行跟踪。

重置：将所有参数初始化。

应用：最终确定之前的操作。

选项：根据不同的跟踪素材，设置不同的选项。

向前分析：当前的时间线向右方向进行运动跟踪。

向后分析：当前的时间线向左方向进行运动跟踪。

4．技能训练

（1）创建跟踪器

打开本书工程文件"素材文件\第 6 章\6.3\6.3.1\源文件.aep"，执行"窗口"→"跟踪器"菜单命令，打开跟踪器面板，选中"Wagon_Plate.mp4"图层，单击"跟踪运动"按钮，在合成中创建对应的跟踪点，将跟踪点调整到视频黑色区域（明暗对比或色差反差较大的区域），调整特征范围框使其包裹跟踪点，并尽可能小，按空格键预览视频运动速度。然后将特征搜索框调整至包裹特征范围框，如图 6-40 所示。最后在跟踪器面板中勾选"位置"复选框，单击"向前分析"按钮▶，如图 6-41 所示。在时间线面板空白处单击鼠标右键，在弹出的快捷菜单中选择"新建"→"空对象"命令，即可添加"空 1"图层。

图 6-40

图 6-41

（2）新建空对象匹配跟踪点

选中"Wagon_Plate.mp4"图层，单击跟踪器面板中的"编辑目标"按钮，弹出"运动目标"对话框，在"图层"下拉列表框中选择"1.空 1"选项，单击"确定"按钮，如图 6-42 所示。然后返回跟踪器面板单击"应用"按钮，弹出"动态跟踪器应用选项"对话框，在"应用维度"下拉列表框中选择"X 和 Y"选项，单击"确定"按钮，如图 6-43 所示。按空格键预览效果，如图 6-44 所示。

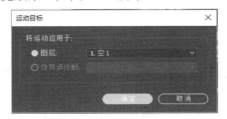

图 6-42　　　　　　　　　　　　　　　　图 6-43

图 6-44

（3）文字跟随汽车运动

选择工具栏中的文字工具，在 "Wagon_Plate"合成中输入文字"车牌号 7GAP32"，打开字符面板，设置字体颜色为#000000，大小为 73 像素，无描边。按〈S〉键展开图层缩放属性，设置"缩放"为"73.0，73.0%"，选择锚点工具将文字图层中心点调整到右下角，如图 6-45 所示。

选中"车牌号 7GAP32"文字图层，选择图层父级下拉列表中的"2.空 1"选项，如图 6-46 所示。按空格键预览最终效果，如图 6-47 所示。

图 6-45

图 6-46

图 6-47

6.3.2 反求摄像机的使用方法

1. 反求摄像机的概念

反求摄像机是指通过软件反求解算实拍素材真实摄像机的运动轨迹，反球摄像机追踪点的颜色表示的是反球解算信息的完整度，绿色代表跟踪的信息很完整，红色代表跟踪的信息不完整，在画面中可能出现运行模糊或者色彩对比不明显的情况。

反求摄像机

2. 反求摄像机的创建及设置

选中所需的视频素材图层，打开跟踪器面板，单击"跟踪摄像机"按钮，为视频素材图层添加跟踪点信息。然后在视频中选取 3 个信息完整的跟踪点，构造出一个圆形平面，右击该平面，在弹出的快捷菜单中选择"创建实底和摄像机"命令，即可完成反求摄像机的创建，如图 6-48 所示。

图 6-48

3．技能训练

（1）新建合成

打开 After Effect 软件，双击项目面板空白处，弹出"导入素材"对话框，选择素材文件\第 6 章\6.3\6.3.2 下的"City.mov"和"nave Distrito 9.png"，以"素材"方式导入。然后在项目面板中选中素材"City.mov"，将其拖动至"新建合成"按钮 ![icon] 上，即可新建名为"City"的合成。

（2）添加跟踪摄像机

双击"City"合成，进入时间线面板，选择"City.mov"图层，执行"窗口"→"跟踪器"菜单命令，打开跟踪器面板，单击"跟踪摄像机"按钮，解析摄像机产生的跟踪点，如图 6-49 所示。

a)

b)

图 6-49

（3）创建反求摄像机

在"City"合成中按住〈Shift〉键加选 3 个信息完整的跟踪点构造出一个圆形平面，如图 6-50 所示。右击该平面，在弹出的快捷菜单中选择"创建实底和摄像机"命令，即可生成"跟踪实底 1"图层和"3D 跟踪器摄像机"图层，如图 6-51 所示。

图 6-50

图 6-51

选中"跟踪实底 1"图层，按〈S〉键展开图层缩放属性，设置"缩放"为"22.0，22.0，22.0%"。拖动时间线至 0:00:02:00 处，按〈P〉键展开图层位置属性，设置"位置"为"813.9，503.2，−8591.3"，"方向"为"359.7°，357.5°，22.1°"，如图 6-52 所示。

图 6-52

选中"跟踪实底 1"图层，按〈Ctrl+Shift+C〉键，弹出"预合成"对话框，将"合成名称"设置为"合成"，单击"确定"按钮。双击时间线面板中的"合成"，将"save Distrito 9.png"素材拖入合成中，按〈S〉键展开图层缩放属性，设置"缩放"为"13.0，13.0%"，单击"跟踪实底 1"图层隐藏按钮 隐藏该图层，如图 6-53 所示。返回"City"总合成场景中查看效果，如图 6-54 所示。

图 6-53

图 6-54

（4）制作合成遮罩

选中"合成"图层，在效果和预设面板中搜索并拖动"曲线"特效至图层上，进入效果控件面板，调整曲线，如图 6-55 所示。在工具栏中选择钢笔工具，在"合成"图层中绘制遮罩，如图 6-56 所示。展开"合成"图层遮罩属性，将"蒙版 1"修改为"反转"，设置"蒙版羽化"为"88.0，88.0"，如图 6-57 所示。最后按空格键预览效果。

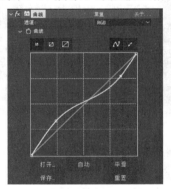

图 6-55

图 6-56

图 6-57

6.4　实训八：火焰追踪特效

实训八：火焰追
踪特效

6.4.1　案例概述

本案例主要讲解如何通过跟踪运动来制作火焰追踪特效。

6.4.2　思路解析

本案例的制作思路是通过跟踪运动将火焰素材和实拍的手动视频素材的运动轨迹进行匹配合成，从而得到火焰追踪特效。首先需要对完成的实拍素材进行预设跟踪点设置，然后依据视频的明暗或色差信息来调整特征范围框和特征搜索框的范围，最后将火焰素材同视频跟踪轨迹进行绑定，完成案例制作。

6.4.3　案例制作

1．调整火焰素材时长

打开本书配套工程文件"素材文件\第 6 章\实训八：火焰追踪特效\火焰跟踪特效1.aep"，将项目面板中的"手臂.MTS"素材拖动至"火焰跟踪特效合成"的时间线面板中，拖动时间线至 0:00:03:11 处，再将"fire[0001-0144].tga"拖动至"手臂.MTS"图层之上，如图 6-58 所示。选中"fire[0001-0144].tga"图层，执行"图层"→"时间"→"时间伸缩"菜单命令，弹出"时间伸缩"对话框，设置"拉伸因数"为 160%，如图 6-59 所示，单击"确定"按钮，效果如图 6-60 所示。

图 6-58

图 6-59

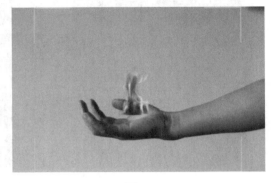

图 6-60

2．捕捉手臂运动轨迹

单击"fire[0001-0144].tga"图层隐藏按钮隐藏该图层，拖动时间线至 0:00:03:11 处，选中"手臂.MTS"图层，打开跟踪器面板，单击"跟踪运动"按钮。在"跟踪特效"合成中，将"跟踪点 1"调整到事先标记好的黑点上；调整特征范围框，让其包裹"跟踪点 1"；调整特征搜索框，让其包裹特征范围框，如图 6-61 所示。

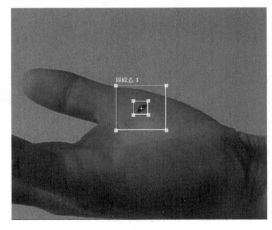

图 6-61

将时间线拖动至 0:00:03:11 处，单击跟踪器面板中的"向前分析"按钮▶，直至时间线到 0:00:10:11 处（即手掌闭合时）时单击"停止分析"按钮■，即可完成手臂运动轨迹的跟踪，效果如图 6-62 所示。

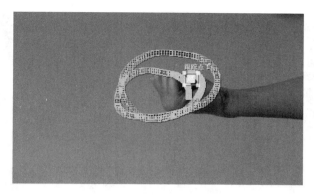

图 6-62

3．匹配手臂和火焰的运动轨迹

选中"手臂.MTS"图层，拖动时间线至 0:00:03:11 处，单击跟踪器面板中的"编辑目标"按钮，弹出"运动目标"对话框，在"图层"下拉列表框中选择"1.fire[0001-0144].tga"，单击"确定"按钮。然后单击跟踪器面板中的"应用"按钮，弹出"动态跟踪器应用选项"对话框，设置"应用维度"为"X 和 Y"，单击"确定"按钮，即可完成手臂和火焰运动轨迹的匹配。按空格键预览效果，如图 6-63 所示。

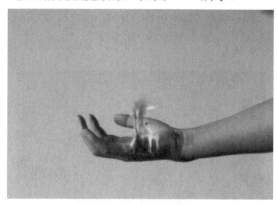

图 6-63

4．设置火焰跟随位置

选中"fire[0001-0144].tga"图层，展开其图层属性，单击锚点属性左侧的码表按钮 ⏱ 激活关键帧，拖动时间线至 0:00:03:11，设置"锚点"数值为"345.0，287.0"；拖动时间线至 0:00:04:23，设置"锚点"数值为"361.0，282.0"；拖动时间线至 0:00:05:18，设置"锚点"数值为"338.0，263.0"；拖动时间线至 0:00:06:16，设置"锚点"数值为"298.0，283.0"；拖动时间线至 0:00:07:24，设置"锚点"数值为"352.0，255.0"；拖动时间线至 0:00:08:23，设置"锚点"数值为"333.0，266.0"。

拖动时间线至 0:00:10:05，单击"不透明度"前的码表按钮 ⏱ 激活关键帧，设置"不透明度"为 100%；拖动时间线至 0:00:11:00，设置"不透明度"为 0%。按空格键预览效果，如图 6-64 所示。

图 6-64

5．制作火焰遮罩

选中"fire[0001-0144].tga"图层，双击进入其图层面板。在工具栏中选择钢笔工具，绘制火焰遮罩，如图 6-65 所示。展开"fire[0001-0144].tga"图层的遮罩属性，将"蒙版 1"设置为"反转"，设置"蒙版羽化"为"10.0，10.0 像素"。返回"合成"面板，按空格键预览效果，如图 6-66 所示。

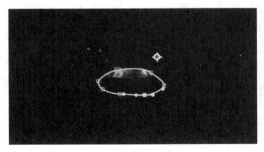

图 6-65

图 6-66

6.4.4 关键技能点总结

1. 关键技能点

1）能够根据要求完成实拍素材预设跟踪点的设置。

2）能够完成"运动跟踪"命令的添加。

3）能够正确设置运动跟踪点的特征范围框和特征搜索框。

4）能够运用"跟踪运动"命令制作火焰运动跟踪效果。

2. 实际应用

完成火焰跟踪特效。

6.5 实训九：实拍场景合成

6.5.1 案例概述

本案例主要介绍运动追踪中反求摄像机的使用方法，面对不同的实拍素材能够选择不同的跟踪方式，从而实现实拍场景合成。

实训九：实拍场景
合成

6.5.2 思路解析

本案例的制作思路分为两个部分，第一部分是 MG 动画素材的制作，第二部分是实拍视频素材的追踪。首先通过反求摄像机来追踪实拍视频中的运动轨迹，产生跟踪点，再将 MG 动画素材绑定至对应的跟踪点上。

6.5.3 案例制作

1. 制作反求摄像机

打开本书配套工程文件"素材文件\第 6 章\实训九：实拍场景合成\源文件.aep"，双击项目面板中的"车追踪"合成，选中合成中的"车追踪.mp4"图层并右击，在弹出的快捷菜单中选择"跟踪摄像机"命令，即可为其添加反求摄像机，反求摄像机会自动计算和解析视频中的运动信息，完成解析后会产生多个跟踪点，效果如图 6-67 所示。

图 6-67

2. 制作反求摄像机跟踪平面

将时间线拖动至 0:00:15:09 处，选中车牌中的绿色点，并按住〈Shift〉键加选亭子和停车牌上的绿色点作为跟踪点，使其形成一个跟踪平面，图 6-68 所示。右击跟踪平面，在弹出的快捷菜单中选择"创建 3 实底和摄像机"命令，即可为 3 个跟踪点添加 3 个摄像机，如图 6-69 所示。

图 6-68

图 6-69

3．制作 MG 动画运动跟踪

在项目面板中选中并拖动"100 款扁平标题字幕条 MoType_Adaptive_Titles_Pack.aep/Adaptive Titles/04_Call-Out"文件夹中的"Call-Out_02"合成至车追踪合成中，并放置于"跟踪实底 1"图层之上。打开"Call-Out_02"图层三维开关，按〈S〉键展开图层缩放属性，设置"缩放"为"10.0，10.0，10.0%"。在工具栏中选择锚点工具，将图层中心点调整至端点上，如图 6-70 所示。拖动时间线至 0:00:00:00 处，选中"跟踪实底 1"图层，按〈P〉键展开图层位置属性，选择该图层位置属性值，按〈Ctrl+C〉键复制位置属性。选中"Call-Out_02"图层，按〈P〉键展开图层位置属性，选择该图层位置属性值，按〈Ctrl+V〉键粘贴位置属性，即将"Call-Out_02"图层同跟踪点绑定。按空格键预览效果，如图 6-71 所示。

图 6-70

图 6-71

在项目面板中选中并拖动"100 款扁平标题字幕条 MoType_Adaptive_Titles_Pack.aep/
Adaptive Titles/04_Call-Out"文件夹中的"Call-Out_06"合成至车追踪合成中,并放置于
"跟踪实底 2"图层之上。打开"Call-Out_06"图层三维开关,按〈S〉键展开图层缩放属
性,设置"缩放"为"10.0,10.0,10.0%";按〈R〉键展开图层旋转属性,设置"旋转"为
"0x+ 90.0°"。在工具栏中选择锚点工具,将图层中心点调整至端点上,如图 6-70 所示。拖
动时间线至 0:00:00:00 处,选中"跟踪实底 2"图层,按〈P〉键展开图层位置属性,选择该
图层位置属性值,按〈Ctrl+C〉键复制位置属性。选中"Call-Out_06"图层,按〈P〉键展
开图层位置属性,选择该图层位置属性值,按〈Ctrl+V〉键粘贴位置属性,即将"Call-
Out_06"图层同跟踪点绑定,最后将"Call-Out_06"图层开始时间对齐至 0:00:07:06 处。按
空格键预览效果,如图 6-72 所示。

图 6-72

同理，第三个跟踪点与 MG 动画运动跟踪的制作方法同上，此处不再赘述，详细可见本书配套完成源文件。

6.5.4　关键技能点总结

1．关键技能点

1）能够完成反求摄像机的添加。

2）能够正确创建实体摄像机和跟踪点绑定。

3）能够运用反求摄像机制作视频追踪效果。

2．实际应用

完成视频追踪效果。

6.6　Newton 动力学

Motion Boutique Newton 是 After Effects 的一款牛顿动力学插件，它能完美地模拟动力学物理属性，且操作方便快捷。其拥有关节、吸附与排斥、新动力学类型等诸多实用功能，能够对各种物体的重力、碰撞、摩擦、弹跳、密度、速度等进行控制，从而制作出真实的效果。

6.6.1　Newton 动力学插件的安装

Newton 动力学插件的安装很简单，只需将"素材文件\第 6 章\6.6\6.6.1\Newton.zip"文件解压缩后复制到 C:\Program Files\Adobe\Adobe After Effects CC 2018\Support Files\Plug-ins 文件夹中，然后打开 After Effect 软件，如果在"合成"菜单下能找到"Newton 2"命令，即表示插件安装成功，如图 6-73 所示，本书配套文件中提供了 Newton 动力学插件，读者可直接使用。

图 6-73

6.6.2 Newton 动力学插件的使用

1. 添加 Newton 动力学插件

Newton 动力学插件

打开本书配套工程文件"素材文件\第 6 章\6.6\6.6.2\源文件 1.aep"，双击项目面板中的"合成 1"，选中时间线面板中的"形状图层 1"，执行"合成"→"Newton 2"菜单命令，弹出"Newton 形状分离"对话框。根据具体需要单击"分离"或"跳过"按钮（分离即将图层中的造型全部分割成独立的物体），就可以进入 Newton 动力学面板。该面板由主体属性面板、主体面板、模拟窗口、输出面板、全局属性面板、关联面板等组成，如图 6-74 所示。

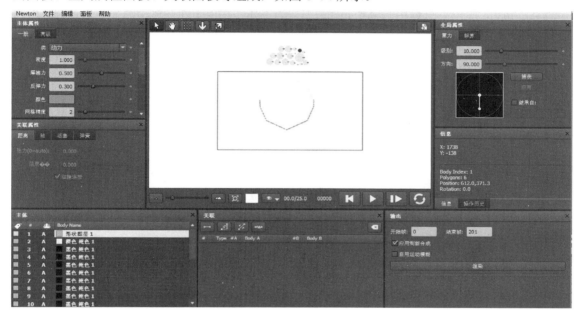

图 6-74

2. Newton 动力学的属性

静态：主体没有产生运动，处于静止状态。

动力：主体的运动完全依靠解算（默认设置类型）。

运动：当主体动画受关键帧动画或表达式动画控制时，其运动路径不会因物理作用力而发生改变，除非关键帧动画已经结束，这时主体将以动力的方式运动。

休眠：主体不受重力影响，但当受到其他主体碰撞时，将以动力方式运动。

AE matic：主体动画不仅受关键帧动画或表达式动画控制，也受到动力的影响（是动力和运动的混合型），可产生弹力效果。

死亡：主体对碰撞没有响应，且不受解算控制。

密度：用来确定一个非静态主体的质量。当主体以相同的速度下落时，高密度的主体不会比低密度的主体下降得更快。

摩擦力：用于控制主体间的彼此滑动。当值为 0 时，没有摩擦力，当值增大时，摩擦力增大。

反弹力：用于控制主体的反弹。当值为 0 时表示没有反弹力（例如，球掉地上不会弹起），当值为 1 时表示最大的反弹力（例如一个球掉落在地上会将无止境地反弹）。

颜色：设置主体在模拟器预览窗口中的颜色。

网格精度：适用于有圆角组成的主体，默认值为 2。当数值增加时，精度也会提高，但会影响软件的运行速度。对于复杂的形状，建议尽可能地调低该值。

速度方向：设置主体运动的速度方向。

角速度：设置主体（旋转）角速度。

线性阻尼：用来降低主体的线速度。

角阻尼：用来降低主体的角速度。

AE matic 阻尼：只适用于 AE matic 类型的主体，相当于连接运动路径和通过解算所得的运动路径相关联阻尼。

AE matic 张力：只适用于 AE matic 类型的主体，相当于连接运动路径和通过解算所得的运动路径相关联张力。

3. 技能训练

根据本节所学知识点，结合本书配套素材，使用 Newton 动力学插件制作简单的动画效果。

（1）制作小球、圆环形状

打开本书配套"源文件 1.aep"，按住〈Shift〉键选中"图层 2"至"图层 22"之间的所有图层（以下称为"小球图层 2 至小球图层 22"），按〈P〉键展开图层位置属性，将小球 Y 轴位置移至顶部，如图 6-75 所示。拖动时间线至 0:00:04:00 处，移动"橙色 纯色"图层（以下称为"圆环图层"），将图层前段对齐至该处，如图 6-76 所示；按〈R〉键展开圆环图层旋转属性，单击"旋转"前的码表按钮激活关键帧；拖动时间线至 0:00:06:00 处，设置"旋转"为"3x+0.0°"。拖动时间线至 0:00:04:00 处按〈P〉键展开圆环图层位置属性，单击"位置"前的码表按钮激活关键帧，设置"位置"为"610.0，308.0"；拖动时间线至 0:00:08:00 处，设置"位置"为"610.0，308.0"，使其动画保持在这段时间区域不变。

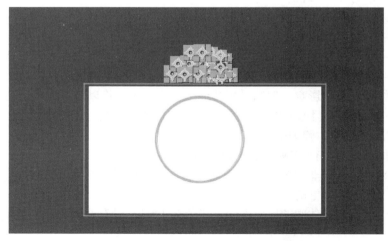

图 6-75

图 6-76

（2）制作 Newton 动力学动画

选中时间线面板中的"形状图层 1"，执行"合成"→"Newton 2"菜单命令，弹出"Newton-形状分离"对话框，如图 6-77 所示，单击"跳过"按钮，即可进入 Newton 动力学面板。在 Newton 动力学面板中选中"形状图层 1"，设置"网格精度"值为 10，"类"为静态；选中"圆环图层"，设置"网格精度"值为 10，"类"为"运动"，此时会弹出"Warning"对话框，如图 6-78 所示，单击"确定"按钮即可。按住〈Shift〉键选中所有小球图层，设置"类"为动力，单击"模拟"按钮▶，效果如图 6-79 所示。最后单击"渲染"按钮，渲染完成后，会自动生成名为"合成 2"的新合成，双击进入该合成，按空格键，可以预览最终动画效果，如图 6-80 所示。

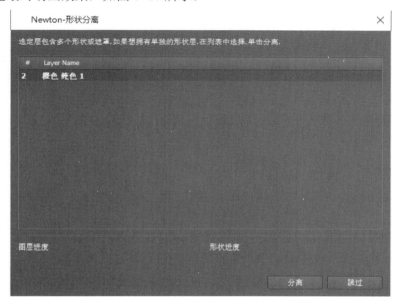

图 6-77

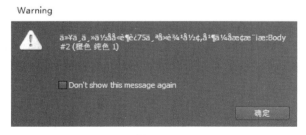

图 6-78

215

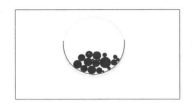

图 6-79

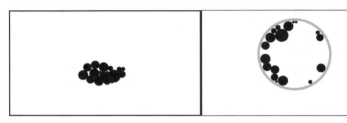

图 6-80

6.7 实训十：Newton 动力学动画

6.7.1 案例概述

本案例主要使用 Newton 动力学特效制作一个简单的 Newton 动力学弹力动画，案例中主要使用静态、动力、AE matic 3 种动力类型和AE matic 的弹性等相关知识。

实训十：Newton 动力学动画

6.7.2 思路解析

本案例的制作思路分为两个部分，第一部分是形状图形的制作，第二部分是 Newton 动力学插件的应用。首先新建纯色图层、形状图层并配合遮罩工具制作出主体外观结构的瓶子造型，然后为其添加 Newton 动力学特效，再通过对其设置主体的静态动画、动力动画以及AE matic 动画等，从而实现弹力动画效果的制作。

6.7.3 案例制作

1. 新建合成

打开 After Effects 软件，单击项目面板中的"新建合成"按钮，弹出"合成设置"对话框，将"合成名称"命名为"合成 1"，"宽度"为 1280px，"高度"为 720px，"帧速率"为 25帧/秒，"持续时间"为 0:00:08:02，单击"确定"按钮。双击项目面板空白处，弹出"导入文件"对话框，选择"素材文件\第 6 章\实训九：Newton 动力学动画\1155117196832926_b.jpg"，以"素材"方式导入。

2. 制作杯子造型

将"1155117196832926_b.jpg"拖动至"合成 1"的时间线面板中，按〈S〉键展开图层缩放属性，设置"缩放"为"158.0，158.0%"；按〈P〉键展开图层位置属性，设置"位置"为"644.0，265.0"。

右击时间线面板空白处，在弹出的快捷菜单中选择"新建"→"纯色"命令，弹出"纯色设置"对话框，设置"名称"为"杯子"，"颜色"为#FFFFFF；按〈T〉键展开"杯子"图层不透明度属性，设置"不透明度"为30%。选择工具栏中的钢笔工具，在"合成2"中绘制出杯子遮罩路径，再使用选取工具和转换工具进行细微调整，使造型更接近原图形状，最后再将"杯子"图层的"不透明度"设置为100%，效果如图6-81所示。

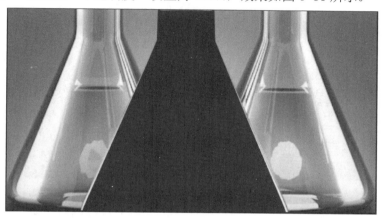

图6-81

选中"杯子"图层，按〈Ctrl+D〉键复制图层，并将副本图层重命名为"杯子背景"。选中"杯子"图层，展开图层遮罩属性，选中"蒙版1"中的两个点，执行"图层"→"蒙版和形状路径"→"已关闭"菜单命令，取消勾选"已关闭"复选框，即可得到不封闭的遮罩，效果如图6-82所示。

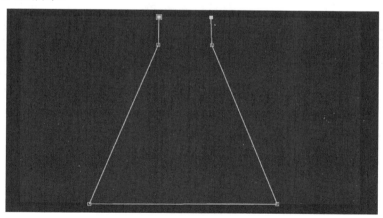

图6-82

选中"杯子背景"图层，执行"图层"→"纯色设置"菜单命令，弹出"纯色设置"对话框，设置"颜色"为#000000。

3．制作文字

选中工具栏中的文字工具，在"合成1"中输入文字"GDNYLG"。进入字符面板，设置字体大小为90px，字间距为225，字体为楷体；按〈P〉键展开图层位置属性，设置"位置"为"512.0，497.5"，如图 6-83 所示。

选中"GDNYLG"图层，执行"图层"→"创建"→"从文本创建形状"菜单命令，将文字转成形状，效果如图 6-84 所示。

图 6-83

图 6-84

4. 制作方块

执行"图层"→"新建"→"纯色"菜单命令，弹出"纯色设置"对话框，将"名称"设置为"方块"，"宽度"为 20px，"高度"为 20px，"颜色"为#004EFF；按〈P〉键展开图层位置属性，移动 Y 轴方向的位置数值，使其至杯口上，如图 6-85 所示。按〈Ctrl+D〉键复制 200 个"方块"图层，选中最底层图层，按〈P〉键展开位置属性，设置"位置"为"640.0，-6000.0"。按住〈Shift〉键加选所有"方块"图层，执行"窗口"→"对齐"菜单命令，打开对齐面板，单击"垂直均匀分布"按钮 ，即可使方块在垂直方向保持一定的间距，效果如图 6-86 所示。

图 6-85

图 6-86

5．制作动力学动画

单击"杯子背景"图层的隐藏按钮，选中"GDNYLG"图层和所有"方块"图层，执行"合成"→"Newton 2"菜单命令，弹出"Newton 形状分离"对话框，单击"分离"按钮，即可进入 Newton 动力学面板，如图 6-87 所示。

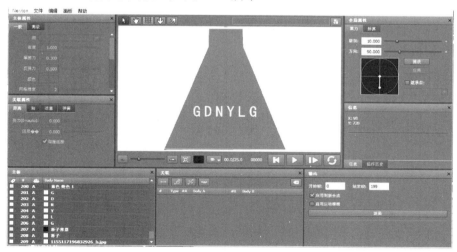

图 6-87

选中"杯子"图层，在 Newton 动力学面板中设置其主体属性"类"为"静态"；选中所有蓝色"方块"图层，设置"类"为"动力"；选中所有文字图层，设置"类"为"AE matic"，然后逐一选中单个文字图层，按〈Y〉键将文字的中心点移动到文字的顶部，如图 6-88 所示；单击"模拟"按钮，效果如图 6-89 所示。单击"渲染"按钮，即可输出"合成 2"，双击"合成 2"，单击最底部图层的隐藏按钮将其隐藏。按空格键预览，效果如图 6-90 所示，即完成弹力动画的制作。

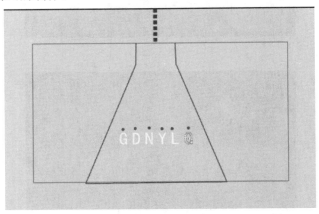

图 6-88

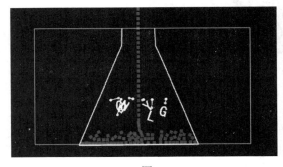

图 6-89

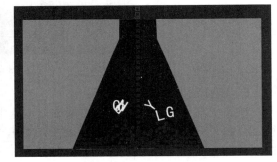

图 6-90

6.7.4　关键技能点总结

1．关键技能点

1）能够设置 Newton 动力学插件的各项参数。

2）能够运用 Newton 动力学插件制作复杂的动力学动画。

3）能够掌握文本转换为图形的方法。

4）能够掌握设置弹性动画中心点的方法及相关快捷键。

2．实际应用

制作 Newton 动力学弹力动画。

第7章 影片输出

学习目标：掌握 After Effects 软件影片输出的两种方法和特点。

视频输出

7.1 视频输出

7.1.1 After Effects 默认输出方式

After Effects 软件自带的输出方式常用格式为*.MOV 格式，相关操作如下。

选中时间线面板，执行"合成"→"添加到渲染队列"菜单命令，弹出渲染队列面板，如图 7-1 所示，单击"最佳设置"选项，弹出"渲染设置"对话框，如图 7-2 所示，即可设置输出视频的品质等选项。

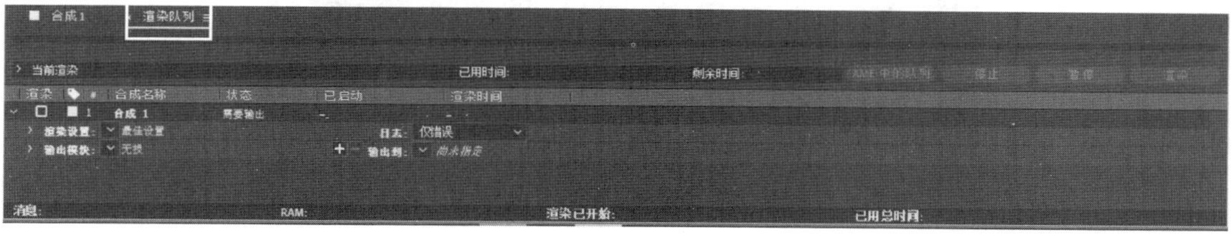

图 7-1

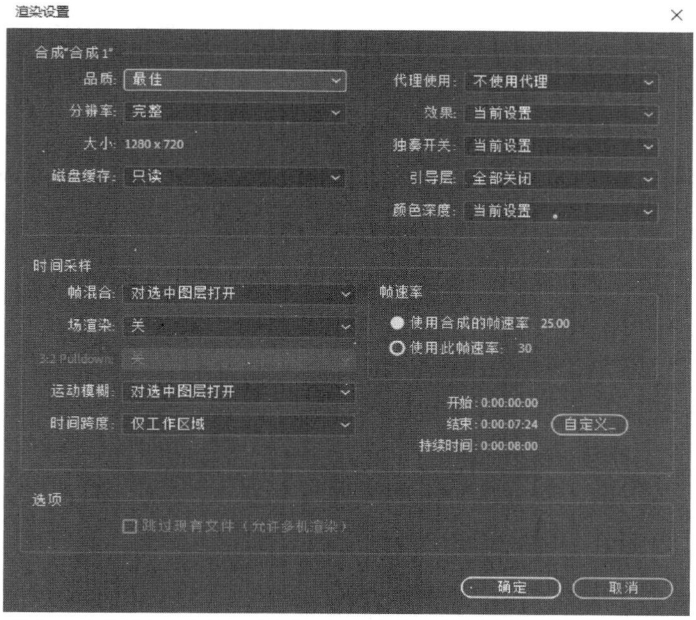

图 7-2

单击"无损"选项，弹出"输出模块设置"对话框，如图 7-3 所示，即可设置输出视频的格式等，需要注意的是常用的格式为"QuickTime（*.MOV）"。

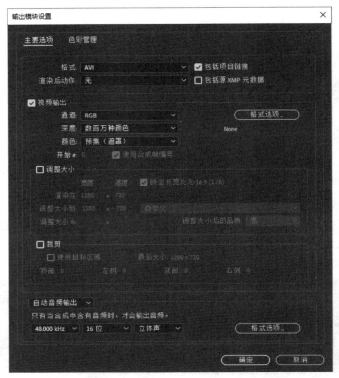

图 7-3

单击"输出到"后的文件名，弹出"将影片输出到"对话框，如图 7-4 所示，选择要保存的位置后单击"保存"按钮，即可完成影片保存路径的设置。单击渲染队列面板中的"渲染"按钮，即可完成影片输出。

图 7-4

7.1.2　Adobe Media Encoder 输出方式

Adobe Media Encoder 是一款外部的视频输出软件，常用格式为*.MP4，这种输出的视频文件较小，输出操作步骤如下。

选中时间线面板中的"合成 1"，执行"合成"→"添加到 Adobe Media Encoder 队列"菜单命令，启动 Adobe Media Encoder CC 2018 软件，如图 7-5 所示，单击"匹配源-高比特率"，弹出"动态链路连接"对话框，如图 7-6 所示。

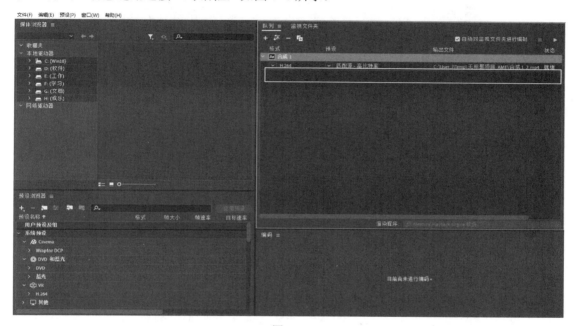

图 7-5

图 7-6

当动态链路连接完成后，就会弹出"导出设置"对话框，如图 7-7 所示，默认格式为"H.264"；单击"输出名称"，设置输出视频保存的路径位置，再通过调整"目标比特率[Mbps]"大小控制输出视频的大小，单击"确定"按钮。最后单击 Adobe Media Encoder CC 2018 界面右上角的"启动队列"按钮，即可完成视频输出，如图 7-8 所示。

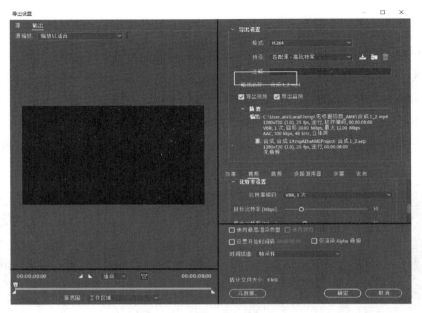

图 7-7

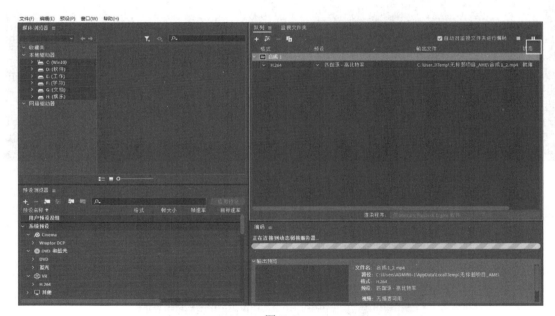

图 7-8

7.2　项目工程源文件打包

项目工程源文件打包是指将项目制作过程中所使用的素材、特效、文字等进行统一整理，并全部放置于一个文件夹中，从而提高项目的有效管理和查找。打开本书配套工程文件"素材文件\第 7 章\7.2\源文件.aep"，如图 7-9 所示。

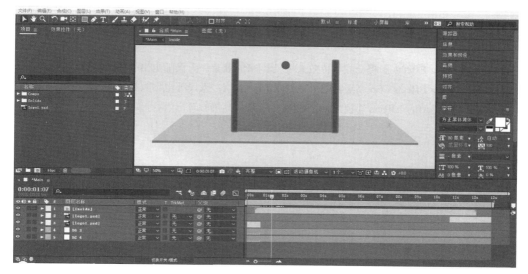

图 7-9

在时间线面板中选中"Main"合成，执行"文件"→"整理工程（文件）"→"收集文件"菜单命令，弹出"After Effects"对话框，如图 7-10 所示；单击"保存"按钮，弹出"收集文件"对话框，如图 7-11 所示；单击"收集"按钮，弹出"将文件收集到文件夹"对话框，选择要影片保存的位置，单击"保存"按钮，即可完成整个工程文件的打包。

图 7-10

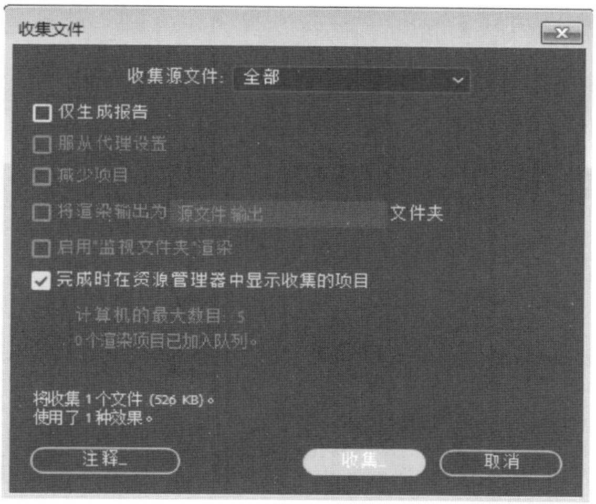

图 7-11

参 考 文 献

[1] 张天骐. After Effects 影视合成与特效火星风暴[M]. 北京：人民邮电出版社，2012.

[2] 王海波. After Effects CS6 高级特效火星课堂[M]. 北京：人民邮电出版社，2013.

[3] 水晶石教育. After Effects 影视后期合成[M]. 北京：高等教育出版社，2015.